2019 中国自然教育发展报告

中国林学会 编著

中国林业出版社
China Forestry Publishing House

图书在版编目（CIP）数据

2019中国自然教育发展报告 / 中国林学会编著 . -- 北京：中国林业出版社，2024.5
ISBN 978-7-5219-2708-5

Ⅰ.① 2… Ⅱ.①中… Ⅲ.①自然教育 – 研究报告 – 中国 –2019 Ⅳ.① G40-02

中国国家版本馆 CIP 数据核字（2024）第 095382 号

策划编辑：肖　静
责任编辑：甄美子　肖　静

出版发行：中国林业出版社
　　　　　（100009，北京市西城区刘海胡同 7 号，电话 83143616，83143577）
电子邮箱：cfphzbs@163.com
网　　址：https://www.cfph.cn
印　　刷：河北鑫汇壹印刷有限公司
版　　次：2024 年 5 月第 1 版
印　　次：2024 年 5 月第 1 次
开　　本：787mm×1092mm　1/16
印　　张：8.75
字　　数：165 千字
定　　价：45.00 元

编辑委员会

主　　　　任：赵树丛
副　主　任：马广仁　陈幸良　刘合胜　沈瑾兰
项目负责人：郭丽萍　吕　植　闫保华　陈志强
编 写 人 员（按姓名首字母排序）：
　　　　　　陈　艺　陈芷欣　陈志强　郭丽萍
　　　　　　金　辰　林昆仑　刘合胜　吕　植
　　　　　　王乾宇　王若瑜　邬小红　闫保华
　　　　　　张　迪　赵兴凯　郑　莉　周　瑾
技 术 支 持：环球扫描（GlobeScan）
合 作 机 构：深圳籁福文化创意有限公司
　　　　　　北京大学自然保护与社会发展研究中心
　　　　　　山水自然保护中心
支 持 机 构：北京市园林绿化局
　　　　　　阿里巴巴公益基金会
　　　　　　老牛基金会
　　　　　　爱自然公益基金会
　　　　　　世界自然保护联盟（IUCN）

中国林学会

中国林学会是中国科学技术协会的组成部分，是我国历史最悠久、学科最齐全、专家最广泛、组织体系最完备、在国内外具有重要影响力的林业科技社团。近年来，中国林学会坚持以习近平新时代中国特色社会主义思想为指引，坚持"四个服务"的职责定位，努力建设林草科技工作者之家，入选中国科协世界一流学会建设行列，先后被授予"全国科普工作先进集体""全国生态建设先进集体"等称号，连续多年被中国科学技术协会评为"科普工作先进单位"，荣获"全国优秀扶贫学会"等称号。在第二十四届中国科协年会发布的《2022年全球科技社团发展指数报告》中，中国林学会名列全球农业科学学会top30名单，排名第10。

中国林学会自2018年开始统筹推进自然教育工作，2019年4月召开自然教育工作会议，应305家单位倡议，成立中国林学会自然教育委员会，致力于建立完善自然教育体系，全面加强自然教育顶层设计，推进资源整合，统筹、协调、服务各地自然教育开展。发布《全国自然教育中长期发展规划（2023—2035）》，牵头编制6项团体标准，出版《自然教育标准辑》，创办中国自然教育大会、北斗自然乐跑大赛、自然教育嘉年华等实践平台，开展自然教育师培训，遴选推荐自然教育优质活动课程、优质书籍读本和优秀文创设计产品，推选全国自然教育基地（学校）等，在全国范围内掀起自然教育热潮。

深圳籁福文化创意有限公司

深圳籁福文化创意有限公司由活跃在全国自然教育一线的机构和个人于2018年创办，致力于通过搭建交流平台、开展行业研究和人才培养等，推动自然教育行业良性发展，目前以打造行业发展专业研究团队、自然教育论坛、自然教育基础培训、青年XIN声等品牌项目。研究团队自2015年起每年进行年度自然教育行业发展调研，并于2019年起受中国林学会委托，负责组织业内专家学者开展2019—2022年自然教育发展报告的调研、撰写等工作。此外，目前展开的工作还包括：专题研究、区域研究、国际自然教育行业发展现状和趋势研究等。

摘　要

近年来，自然教育在中国呈现蓬勃发展的态势，回应了社会发展过程中公众对于健康美好生活向往的需求，也是生态文明建设的创新抓手。在近十年的时间里，自然教育作为一个新兴行业逐步从松散自发走向规范自律，从民间自主生长走向职能部门政策指导，不断向前发展。但与此同时，也依然存在诸多影响其健康发展的问题与挑战。2019年，中国林学会联合深圳籁福文化创意有限公司、北京大学自然保护与社会发展研究中心和山水自然保护中心基于2015年、2016年、2018年进行的自然教育行业调查报告开展本次研究，就中国自然教育行业现状提供更为全面可靠的信息，以期促进自然教育行业的良性发展，有效推动自然保护工作的社会化参与。

本报告以从事自然教育的主体（机构和从业者）、自然教育服务对象和自然教育目的地（自然保护地）为调研对象；以在线问卷及深度访谈为主要研究方法。经过研究梳理各个层面的现状，细致分析存在的问题，并提出以下建议：提升自然教育内涵，界定自然教育概念，建立自然教育行业规范；建立自然教育专业人才培养机制，为自然教育机构吸引人才、留住人才、发展人才成长等提供支持；加强政府相关部门间以及相关政府部门与社会组织间的交流与合作，推动自然教育相关政策、制度的制定与落实；加强全国和区域性自然教育行业网络建设；加强自然教育评估和成效研究，推动自然教育市场发展；支持和发展以自然保护地为载体的多样化的自然教育活动。

目 录

摘 要

第一章 综 述 1
第一节 背 景 1
第二节 研究目标与方法 2

第二章 自然教育从事主体 7
第一节 自然教育从业者 7
第二节 自然教育机构 20

第三章 自然教育服务对象 41
第一节 主要发现 41
第二节 研究基础 42

第四章 自然教育目的地：自然保护地 57
第一节 主要发现 57
第二节 研究基础 58

第五章　总结及建议 ... 75

　　第一节　总　结 ... 75

　　第二节　建　议 ... 75

参考文献 ... 81

附录一：自然教育从业者与自然教育机构调研问卷 ... 83

附录二：公众调研问卷 ... 103

附录三：保护地自然教育现状调研 ... 115

附录四：中国自然教育大会第六届全国自然教育论坛武汉共识 ... 125

附录五：在中国自然教育大会（第六届全国自然教育论坛）的讲话 ... 127

后　记 ... 131

第一章
综 述

第一节 背 景

人与自然和谐共生是新时代坚持和发展中国特色社会主义基本方略的重要内容,是生态文明建设的核心要义,是建设美丽中国的重要目标。

自然教育在自然中实践、倡导人与自然和谐关系,不仅是对社会发展过程中公众向往健康美好生活这一需求的回应,也是生态文明建设的创新抓手。在近十年的时间里,自然教育这一新兴行业逐步从松散自发走向规范自律,来自职能部门的政策指导也不断出台。2019年4月,国家林业和草原局发布《关于充分发挥各类自然保护地社会功能,大力开展自然教育工作的通知》,将自然教育定位为"林业草原事业发展的新领域、新亮点、新举措",从更高层面充分肯定了自然教育工作的社会意义和价值。

自然教育已经为社会各界所关注,在中国呈现蓬勃发展的态势。与此同时,自然教育行业也存在人才稀缺、区域发展不平衡、从业机构良莠不齐、课程体系不健全、缺乏统一的从业标准和行业评估等问题与挑战。自然教育行业的良性发展,亟须建立一个完整的行业认知体系,这首先需要进行系统的摸底,清晰探知自然教育机构、从业者、目的地和服务目标群体的整体状况和总体趋势及其面临的挑战和需求。

因此,对自然教育行业进行持续而系统的调查研究尤为重要。

2015年,有关研究团队开始尝试对全国(大陆地区)自然教育行业发展的相关情况进行调研了解,在其后历次调研中,除了保持核心问题的延续性外,其维度、视角也随着行业本身的发展和需求变化而有所调整和优化。2015年的首次调研着重于自然教育机构的基本现状，尤其关注了机构的注册性质、资金来源、规模等，以期勾勒行业发生发展初期的雏形及过程。在2016年的第二次调研中，除了增加对机构运营、课程（产品）开发、团队能力建设等方面的了解以外，还引入公众视角，分析公众对于自然教育的认知及态度、参与自然教育的情况及兴趣点等。

2018年，第五届全国自然教育论坛在成都召开，中断了一年的行业调研也再次重启，在前两次调研经验的基础之上，尝试了解机构发展的成熟程度，并首次从从业者的维度来解读行业发展现状与趋势。

2019年，在以往调研的基础上，结合北京大学自然保护与社会发展研究中心和山水自然保护中心专业的科研实力，发挥中国林学会百年科技社团的积极作用，研究团队借鉴国际经验，对中国自然教育行业现状进行了一次全面的调研和分析，更加立体地呈现自然教育在中国的发展面貌——除了延续自然教育机构、从业人员的视角，展开了对自然教育的主要服务对象的调研，还新增了对自然保护地等自然教育目的地的调研，了解其开展自然教育的现状、承载能力与意愿需求等问题。

第二节　研究目标与方法

一、研究目标

本研究致力于就中国自然教育行业现状提供全面可靠的信息，从而促进自然教育行业的良性发展，推动自然保护工作的社会化参与。

具体目标包括：

（1）了解自然教育从业者的相关情况，自然教育机构的人员、规模、服务人群的数量和特征、服务类型和活动内容、行业持续性（资金和人才），以及存在的困难和挑战等。

（2）全面了解林草系统管辖的自然保护地，其他部门管理的城市公园，以及民间的自然学校、教育型农场等自然教育目的地的规模、服务内容和人群数量、经济效益及存在的问题。

（3）了解公众参与自然教育活动的需求、期待、遇到的问题等，以及自然教育对公众关于自然教育的认识、活动选择喜好和自然保护意识与行为的影响。

（4）基于调查结果，提出对自然教育行业发展的建议。

二、自然教育的定义

本报告沿用《自然教育行业自律公约》中对自然教育的定义：在自然中实践的、倡导人与自然和谐关系的教育。这其中包含了自然教育的两个核心要素：首先，自然教育的目的是促进人与自然的和谐共生；其次，自然教育的开展强调"在自然中"的实践。因此，只要是通过感知与体验自然的方式，促进人与自然的联结，建立人与自然和谐共生关系的教育活动，都可以归为自然教育的范畴。

三、研究方法

本研究分别针对从事自然教育的主体（机构和从业者）、自然教育服务对象（公众）和自然教育目的地（自然保护地）的特点和研究问题设计了不同的研究方法。

（一）从事自然教育的主体（机构和从业者）调研

此项研究的主要目标是通过自然教育从业者和自然教育机构两个维度，尽量完整地了解中国自然教育发展的现状、面临的困难和挑战，以及未来发展的趋势和建议。为了尽可能多地调研到更多活跃的自然教育从业者和机构，项目组选择了在线问卷的方式，并通过深度访谈有代表性的自然教育机构负责人作为补充。

1. 在线问卷

在2018年《全国自然教育行业发展调查问卷》的基础上，研究团队对问卷进行了优化，并在"自然教育的现状和趋势部分"添加了新问题。自然教育从业者和机构在线调研问卷答完约需15分钟。

参与调查的邀请函由研究团队通过电子邮件、短信、微信公众号等方式，面向过去6年参加过全国自然教育论坛相关活动的从业者进行定向发送，并伴随"中国自然教育大会暨第六届全国自然教育论坛"的会议信息多次推广，以期更大范围地触达目标人群。同时，邀请华东、华南、华北、华中、东北、西南、西北7个区域性网络的筹委会成员参与调研，并向本区域的自然教育从业者和机构进行推广。

为了保证机构信息的准确性，机构问卷必须由机构负责人或者教育项目负责人填写。自然教育从业者则涵盖了全职、兼职、志愿者、自由职业者等自我身份认同为从事自然教育的人员。

这项在线调研于2019年9月24日至10月11日期间开放，最终共有755名自然教育从业人员完成了调查，287人代表他们的机构做出答复，其中有8人未选择所在城市，因此七大区域受访机构总数相加仅为279家。

2. 深度访谈

作为在线问卷的补充,为了进一步挖掘自然教育机构成功的要素、行业发展面临的挑战和机遇,技术支持单位 GlobeScan 与研究团队共同制订了访谈提纲,深度访谈了五家比较有代表性的自然教育机构。访谈通过电话进行,时长约 30 分钟。

3. 数据呈现说明

除非另有说明,本报告图表中的数字均以百分比表示。因为有四舍五入,总百分比相加可能不等于 100。部分图表后标注了参与这一组数据统计的人数,未标注的则为所有受访者都参与了统计。

(二)自然教育服务对象(公众)调研

公众是自然教育的服务对象,了解他们参与自然教育活动的需求、期待、遇到的问题等,可以帮助政策制定者、自然教育机构、从业者有针对性地为他们提供服务。同时,也需要了解已有的自然教育活动对参与者与自然相关的意识、态度和行为改变方面的作用,以及对参与者身心健康、社会性发展、学业发展等因素的影响,从而初步评估自然教育对自然保护和人民生活的潜在作用及需要在哪些方面进一步提升。

研究团队把面向公众调研的具体目标细化为以下 6 个方面,并相应设计了在线调查问卷:①了解公众对自然的态度及其与自然的关系;②衡量公众参与自然教育的程度;③了解公众参与自然教育的观念和动机;④了解公众对自然教育项目的满意度;⑤了解自然教育对人们保护自然的态度的影响;⑥明确自然教育活动提高公众意识和参与性的机会。

1. 在线问卷

根据以上 6 个方面的研究目标,在 2018 年《全国自然教育行业发展研究——公众调研问卷》的基础上,研究团队与 GlobeScan 合作,进一步优化、开发了一个进行量化研究的在线问卷。

参加调研的公众抽样来自自然教育起步较早、相对比较活跃的 4 个一线城市和 4 个二线城市。其中,一线城市包括北京、广州、上海、深圳($n=150$);二线城市包括成都、杭州、武汉、厦门(厦门 $n=101$,其余各城市 $n=100$)。

共有 1001 名成年人参与调研。该调研样本是基于性别、年龄、教育程度和城市进行筛选的。样本的详细信息在本研究报告的第三章"自然教育服务对象"的"样本画像"中有详细呈现。

调查问卷答完约需 12 分钟。数据收集时间为 2019 年 10 月 1~11 日。

2. 数据呈现说明

除非另有说明，本报告图表中的数字均以百分比表示。由于四舍五入，总百分比相加可能不等于 100。

这项研究的调研对象是从一个消费者固定样本中选取同意参与调研的成年人中选出的。所有抽样调查和民意测验都可能受到多种误差来源的影响，包括但不限于抽样误差、涵盖误差和测量误差。这种样本误差范围的大小通常约为 2%。

（三）自然教育目的地（自然保护地）调研

这一部分调研以包含国家公园、自然保护区、自然公园等在内的自然保护地为主要的调研对象，分别从自然保护地开展自然教育的现状（包括基础建设、活动类型、人员架构、合作交流、运营状况等）、意愿、承载力、能力空缺与合作需求等方面进行初步调研，以期探索自然保护地自然教育的现状与发展方向，提出针对性的实践建议。

1. 在线问卷

设计思路上，囊括现状、空缺、需求、建议等几个方面，自然资源、受众、解说方式等分别设计结构化的问题，同时体现自然保护地自然教育现状的几个方面：管理体系（部门设置、人员设置、开放自然教育区域规划等），规范体系（相关技术规范和标准的制定、政策的需求），人才体系（课程设计、人才），设施体系（基础设施），保障体系（资金、安全保障）等。

问卷发放：线上结构化问卷调查，数据收集周期为 2019 年 9 月 25 日至 10 月 25 日，收集范围为大陆地区，由各省林学会协助发放，自然保护地单位自愿填写。

2. 数据呈现说明

本部分的图表以百分比和机构数量显示，并标注了对应的单位。

四、研究的局限性

（1）本次调研收集数据的方法与往年不同，因此，2019 年数据与过去数据的可比性可能因使用的方法和平台不同而受到限制。之前的自然教育从业者和机构问卷，与全国自然教育论坛参会报名一起发布，作为会议注册过程的一部分，通过获得更大概率参与论坛的机会，来激励论坛参与者参与调查。2019 年，该调研主要通过研究团队和合作伙伴的渠道进行推广，自愿填写，没有与论坛注册绑定。这个过程还允许论坛参与者保持匿名，这可能会对回复产生影响。此外，本次调研的自然教育机构问卷要求由机构负责人或教育项目负责人填写，往年并无此要求。

（2）尽管问卷中对自然教育做了定义，但被访者对自然教育的理解可能仍存在差异，因此调查结果中的"自然教育"可能在范围上宽于实际情况。

（3）问卷调查非随机抽样，因此在整个群体的代表性上可能存在偏差。

（4）样本量较小，尤其是公众调研部分，未来的研究可以进一步提高样本量。

第二章
自然教育从事主体

第一节 自然教育从业者

一、主要发现

（1）基本特征：目前，自然教育从业者中相对年轻和缺乏经验的人员占比较高，教育背景多元。在2019年接受调查的自然教育从业者中，有61%在该行业的工作经验不足3年，其中，28%不足1年。2/3的调研对象只在一家自然教育机构工作过，70%的调研对象年龄在40岁或40岁以下。从业者大部分相对较新和较年轻，大多数调研对象拥有高等教育学历，来自包括管理、教育、科学、艺术和社会科学等多个学科领域。

（2）从业者动机与职业满意度：热爱自然、喜欢从事教育和与孩子互动的工作是从业者的主要动机。他们对自身现有自然教育工作的整体满意度较2018年有所降低。工资福利、能力培养和建设、职业发展机会以及机构管理等是工作满意度的重要驱动因素，但也是最薄弱的环节，从机构发展和行业发展的角度应该对此重点关注。除此之外，团队文化和机构领导的支持是工作满意度的重要影响且需高度善用的因素。这意味着从业者确实喜欢在自然教育行业工作，但需要看到职业发展和学习机会以及适当的薪酬水平，来提高他们的工作满意度。

（3）从业人员对《自然教育自律公约》（以下简称《自律公约》）的知晓率很高（81%），但只有约37%的调研对象签署了该《自律公约》。知道该公约但未签署的调研对象中，未签署的主要原因是不了解《自律公约》的内容，占比为66%。其次是对《自律公约》有些疑惑，或者觉得与自身无关。这表明，需要向从业人员传递更多与此有关的信息。

二、研究基础

（一）自然教育从业者画像

1. 从业者分类统计（n=755）

参与调研的从业者年龄主要分布在18~40岁，人数占比为71%，属于较为年轻的年龄结构（图2-1）。有80%的调研对象的学历在本科及以上，高中及以下占比极小，为2%（图2-2）。在性别比方面，从业比例为4:6，女性从业者多于男性（图2-3）。在专业方面除了其他专业外，占比最高的是管理学，教育学占比也较多（图2-4）。

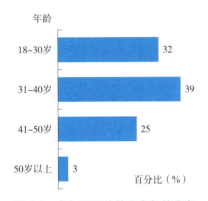

图2-1 参与调研的从业者年龄分布

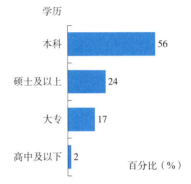

图2-2 参与调研的从业者学历分布

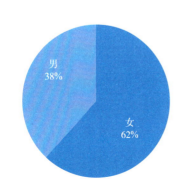

图2-3 参与调研的从业者的性别分布

图2-4 参与调研的从业者的专业分布

注：其他专业包括信息技术、法律、林业和金融

2. 调查对象地理分布（n=755）

参与本次调研的自然教育从业者来着全国各个省份，其中广东省数量最多，有 156 人参与，其次是北京 76 人、四川 57 人、湖北 52 人，但海南、宁夏、青海、新疆和甘肃仅有几个自然教育从业者填写问卷（图 2-5）。

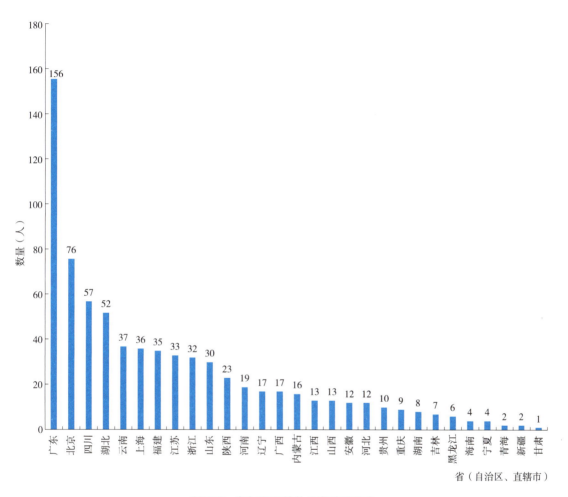

图 2-5 参与调研的从业者地理分布

3. 调查对象角色、工作类型、薪资和岗位

参与调研的从业者大部分为自然教育机构从业人员（66%）（图 2-6）。全职自然教育从业者占比为 71%，兼职为 16%，以志愿者或实习生的形式参与自然教育的占比为 9%（图 2-7）。从业者的普遍薪资集中在 3000~10000 元，占比高达 56%，还有 18% 的受访者提供义务工作（图 2-8）。参与本次调研的从业者大多为自然教育机构负责人或自然教育项目负责人（图 2-9）。

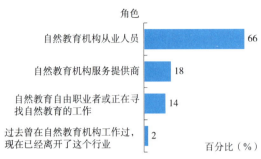

图 2-6　调研对象的自然教育角色

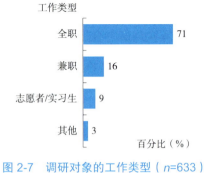

图 2-7　调研对象的工作类型（n=633）

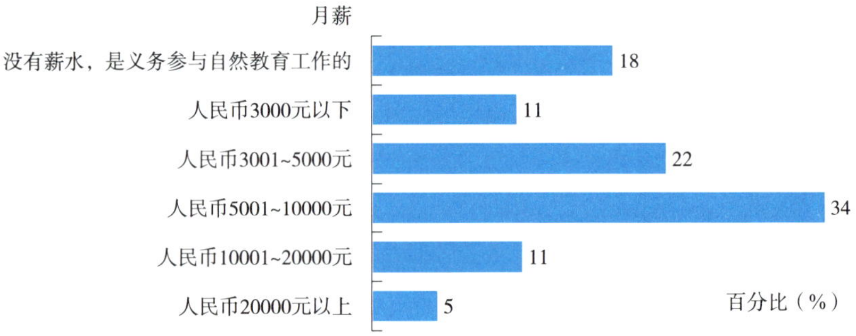

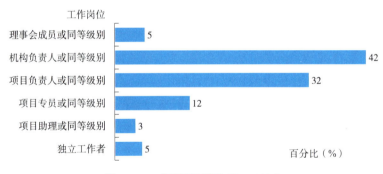

图 2-8　薪酬范围（n=633）

图 2-9　工作职别/岗位（n=443）

（二）自然教育经验和能力

1. 自然教育经验

调查结果显示，61%的调研对象从业年限在3年以内，超过1/4的调研对象自然教育从业经验不足1年，近40%的调研对象有3年以上的工作经验。相比于2018年，2019年参与调研的自然教育从业者的从业年限在3年以上的占比略有增加（图2-10）。有2/3的受访者只在一个机构工作过，有大约10%的受访者在3个或更多的机构工作过（图2-11）。

图 2-10　从事自然教育工作年限

图 2-11　历任机构数量

2. 自然教育能力

在自然教育从业者擅长的自然教育方向与目前从事的工作领域的调研中，调研结果显示，两者的匹配度较高。参与调研的自然教育从业者主要进行课程和活动设计（65%）、活动导师（51%）等相关工作；参与调研的自然教育从业者在自然教育中最擅长的方向主要集中在课程和活动设计（58%）、自然体验的引导（40%）、自然科普/讲解（39%），呼应了下文中参与调研的从业者对于自然教育匹配个人兴趣及个人能力专长的满意度较高，（图 2-12、图 2-13）。

图 2-12　工作领域（总提及数占比）　　图 2-13　最擅长的自然教育方向（总提及数占比）

同时，很少有从业人员表示在市场运营、社区营造、财务和机构管理等职能技能方面有特长。

（三）自然教育的认识理解

在从业者对自然教育课程/活动的目标认知的调研中，调研结果显示，近3/4调研对象表示，他们认为所接触过的自然教育课程/活动直接使参与者实际的目标首先是加强人与自然的联系，建立对自然的热爱，总提及次数占比为74%；其次是学习保护和改善环境的知识、价值观和态度，占比为44%；最后是进一步认识和感受自然，占比为43%（图2-14）。

这一结果与自然教育的直接目标——建立人与自然的联结相一致。

图2-14 所接触的自然教育课程/活动直接使参与者实现的目标

在对参与者喜欢的自然教育方面的调研中，调研对象表示，参与者主要喜欢参与有趣的活动/游戏/小实验，总提及次数占比为76%；其次是让他们与大自然相处，总提及次数占比为64%；最后是学习新事物，总提及次数占比为29%。其中，在华北、东北、华南和西北地区[①]，比起学习新事物，参与者更喜欢参加有引导的游览和旅行；参与者喜欢阅读有关自然的资讯的提及次数较少（图2-15）。

---

① 区域样本数量：总数，$n=287$；华北，$n=46$；东北，$n=18$；华东，$n=79$；华中，$n=30$；华南，$n=59$；西南，$n=35$；西北，$n=12$；区域空值 $n=8$。

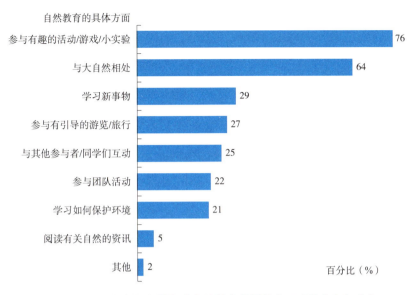

图 2-15 据观察参与者最喜欢自然教育的具体方面（从业者规定）

参与调研的自然教育从业者所在区域的自然教育面临的最大挑战的调查结果显示，人才匮乏仍然是各地区自然教育面临的最大挑战，总提及次数占比为 61%。此外，超过一半的人表示，盈利能力对他们所在区域自然教育来说是一个挑战（图 2-16）。

正如针对自然教育机构的调查研究所反映的，人才和盈利能力也是自然教育机构面临的最大挑战。为了促进自然教育领域的发展，需要加大力度了解人才需求，提高机构盈利能力。

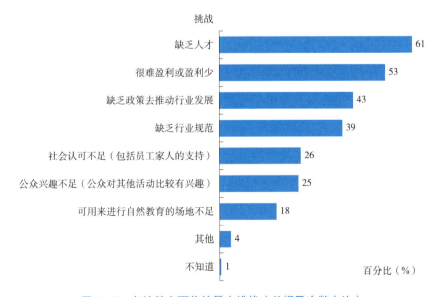

图 2-16 自然教育面临的最大挑战（总提及次数占比）

（四）从业动机和满意度

1. 从业动机

调查结果显示，热爱自然、是调研对象从事自然教育行业/事业的首要动机（79%）（图2-17）。其次是从事教育和与孩子互动的工作（61%）。

除此之外，有2%的调研对象选择自然教育作为职业是因为它提供了一个有吸引力的薪资。如驱动力分析所示，工资福利是工作满意度的关键驱动力，但与其他驱动力相比，它也是最需要提升的方面。

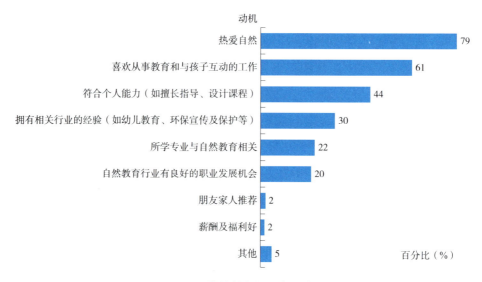

图2-17　自然教育行业事业动机

2. 工作整体满意度

在针对工作整体满意度的调研中[①]，46%的调研对象对现有的自然教育工作表示满意，45%的调研对象持中立态度，两者占比相仿。10%左右的调研对象对现有的自然教育工作表示不满意（图2-18）。

其中，从不同工作层级的满意度来看，担任管理职务（53%）或具有5~10年工作经验（54%）的员工的工作满意度（非常满意＋比较满意）显著高于普通员工（45%）且经验较少的员工。个人工作者比在机构中工作的从业者满意度低。

---

① 2018年，参与问卷调研是年度论坛注册流程的一部分。因此，2018年的数据只反映了参加论坛这部分自然教育从业者的答案。

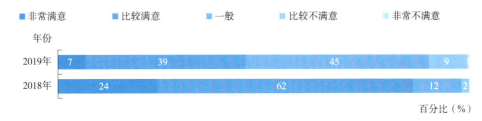

图 2-18　工作整体满意度

3. 职业满意度因素

就职业满意度因素排序来讲，调研结果与 2018 年一致，大多数调研对象对工作的多个方面都基本感到满意，但对薪酬福利待遇、日常评估和整体绩效管理、工作与生活的平衡的满意度较低（表 2-1、图 2-19）。

表 2-1　2018 年调研中影响工作满意度前三名的因素

名　次	满意因素	不满意因素
第一名	匹配个人兴趣	薪酬福利待遇
第二名	创造社会价值	日常评估和整体绩效管理
第三名	匹配个人能力专长	工作与生活的平衡

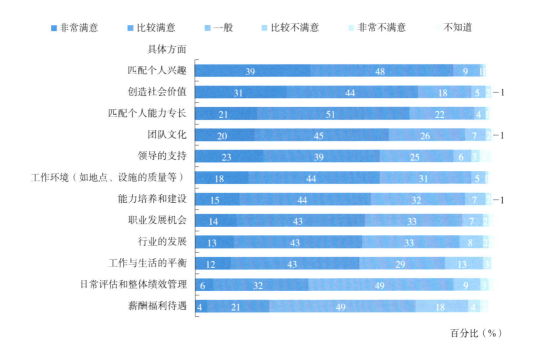

图 2-19　职业满意度因素

4. 工作满意度驱动力：驱动力分析[①]

GlobeScan 对调研对象的工作满意度驱动因素进行了分析，以了解哪些属性影响了自然教育从业者的工作满意度。

（1）驱动力分析介绍

驱动力分析调查关键因素与特定行为或感知之间的关系。市场研究常用驱动力分析作为设计商业策略的一种方法，驱动因素分析是使用多元线性回归对主要结果（在此调研中指工作满意度）进行建模，作为所有潜在因素的组合，以确定每个因素在驱动结果中的相对重要性。

（2）从业者工作满意度驱动力分析

通过关键的驱动力分析，以确定这些因素是如何推动自然教育工作满意度的。图 2-20 呈现了从业者对其当前角色在 X 轴上的不同方面的满意度的评价以及 Y 轴上的因素的重要性，该矩阵可直观地表示提高自然教育行业工作满意度的最强和最弱因素。

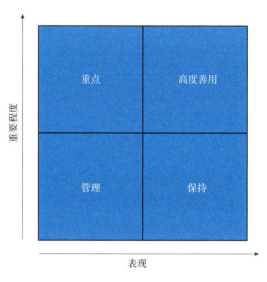

图 2-20　驱动力分析模型

重点：在这个象限内的驱动力是重要的驱动力，但从业者对现状的打分整体低于平均水平。任何策略都必须重点关注这个象限内的驱动力。

管理：目前，该象限中的驱动力在重要性和表现上都略低。不要忽视这一象限内因素

---

① 驱动力分析调查关键因素与特定行为或感知之间的关系。市场研究常用驱动力分析作为设计商业策略的一种方法，驱动因素分析是使用多元线性回归对主要结果（在此调研中指工作满意度）进行建模，作为所有潜在因素的组合，以确定每个因素在驱动结果中的相对重要性。

的重要性，因为随着这些因素的重要性上升，它们可能会转移到"重点"象限。需要制定适当的战略来管理和／或监测这些问题。

高度善用：这个象限中的驱动力很重要，且与其他驱动力相比，该行业从业者对它们的评价很好。正是基于这些驱动力，该行业才能够达到当前的良好表现。

保持：这个象限中的驱动力与其他驱动力相比不那么重要，但其行业绩效评级高于平均水平。虽然这些驱动力目前对工作满意度的影响不大，但它们可以作为重要的行业特色，也可以与其他表现不佳的重要领域联系起来，以平衡工作满意度。

基于此，搭建自然教育从业者工作满意度驱动力分析模型，具体如图 2-21 所示。

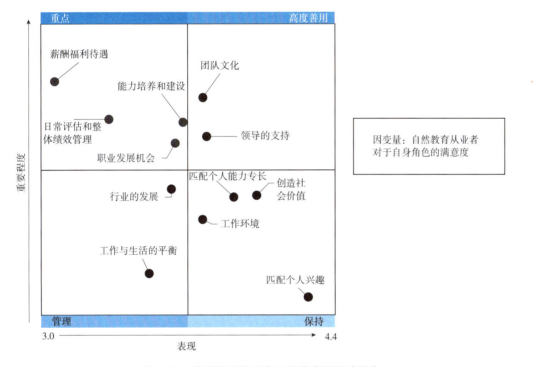

图 2-21　自然教育从业者工作满意度驱动因素

驱动力分析模型显示，薪酬福利待遇是提高自然教育从业者工作者满意度的最重要的驱动力，但也是总体表现最差的领域（图 2-21）。

团队文化是推动该行业职业满意度表现良好的主要因素之一，领导的支持也是一项重要的利好因素，需要善加利用。然而，薪酬和福利待遇以及绩效管理是该行业的薄弱领域。从业者的技能培养和职业发展机会也是行业中需要重点提升的部分。自然教育从业者对工作环境、个人兴趣专长的匹配度、创造社会价值等方面的满意度高于平均水平（图 2-21）。

(五)工作机会来源和职业发展

1. 自然教育工作机会来源

调查结果显示，56%的调研对象的自然教育工作机会来源是参加自然教育机构的培训或活动，33%的调研对象的自然教育工作机会是通过其他人介绍的。较少调研对象的自然教育工作机会是通过求职网站或高校就业指导部门获得，选择其他的受访者，主要是处于自主创业阶段（图2-22）。

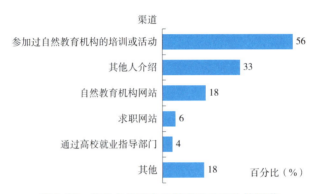

图2-22 从业者找到自然教育行业工作的渠道

2. 自然教育能力建设

调查结果显示，自然教育从业者主要从实践经验中学习，并通过机构提供的培训和外部专业培训提升。对自然教育从业者的研究结果与对自然教育机构的研究结果一致，大部分自然教育机构让工作人员参加项目开发和外部工作坊，以培训工作人员的专业能力。

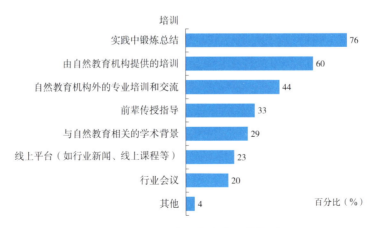

图2-23 针对自然教育岗位的培训

3. 自然教育行业内的职业未来

调研结果显示，90% 以上的调研对象视自然教育为长期职业选择（图 2-24）。尽管晋升的可能性未知，但 88% 调研对象都表示他们将在未来 1~3 年内继续留在这一领域（图 2-25）。23% 调研对象还考虑从事与自然教育有关的学习深造，或在自然教育领域开创自己的事业（图 2-24）。大多数调研对象也会建议其他人把自然教育作为职业选择（图 2-24）。

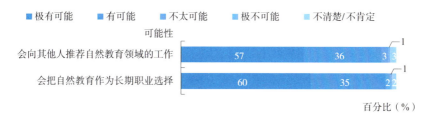

图 2-24　从事和推荐自然教育作为长期职业的可能性

图 2-25　未来 1~3 年职业规划

（六）自然教育行业自律公约

调研结果显示，81% 的调研对象知道《自然教育行业自律公约》，37% 的调研对象签署了《自然教育行业自律公约》（图 2-26）。其中，知道《自然教育行业自律公约》的调研对象中，54% 的调研对象不确定《自然教育行业自律公约》的细节。66% 尚未签署公约的调研对象表示不知道公约的内容，这意味着自然教育领域需要更多关于《自然教育行业自律公约》的交流（图 2-27）。

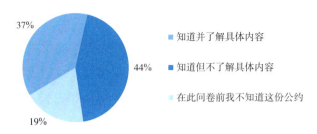

图 2-26 对《自然教育行业自律公约》的签署和认知

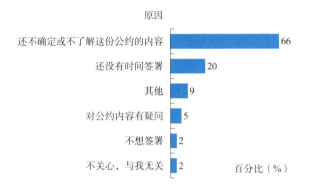

图 2-27 未签署的调研对象不签署《自然教育行业自律公约》的原因

第二节 自然教育机构

一、主要发现

（1）许多小机构、新机构进入自然教育领域。据2019年自然教育机构调查显示，近2/3的调研对象运营时间为1~5年。9%的调研对象运营不到1年，9%的调研对象运营超过10年（图2-28）。被调研的自然教育机构中有61%是注册公司。调研对象的业务范围趋向于地方（37%），但也有29%的调研对象在全国范围（21%）或国际范围（8%）开展业务（图2-29）。3/4的调研对象表示，他们的全职员工不到10人。进入市场的初创机构数量表明，中国自然教育行业中具备发展机会，但同时，这些机构在融资/筹款竞争激烈的行业空间中想要取得成功可能面临挑战。

（2）与2018年相比，参与调研的自然教育机构处于盈利阶段的比例较小。超过一半的调研对象年经营收入低于50万元人民币。有一些调研对象认为，由于激烈的竞争，自然教育机构的生存正面临挑战。他们建议对成立初期的自然教育机构提供资金方面的支持，以帮助他们奠定发展基础。62%的调研对象表示，他们的主要收入来源于课程收费，同时55%的调研对象表示，每人每天的自然教育课程收费不到200元。对一线城市和二

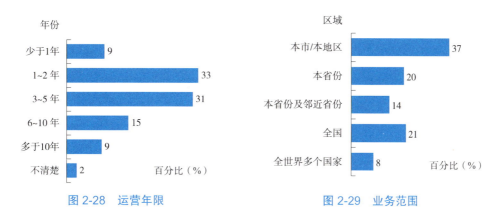

图 2-28　运营年限　　　　　　图 2-29　业务范围

线城市的公众进行调查发现，近 1/3 的受访者愿意支付超过 200 元的价格。针对自然教育机构的目标地区和目标消费者，研究和优化其定价策略具有重要意义。

（3）大多数参与调研的自然教育机构的主要服务对象为小学生和亲子家庭。自然观察（61%）、自然科普/讲解（47%）和自然游戏（44%）是调研对象提供的主要自然教育课程。大多数调研对象（62%）的客户复购率低于 40%。客户留存率低的原因及如何提高留存率是重要课题。

（4）未来 1~3 年内，研发课程和建立课程体系（44%）仍然是参与调研的自然教育机构的首要任务。与此同时也需要继续拓展市场，近 20% 的调研对象将提高团队的商业能力作为未来 1~3 年的优先工作，17% 的受访机构将市场开发作为未来 1~3 年的优先工作。这些优先事项既反映了自然教育机构的市场充满竞争，也说明这个行业的进一步发展需要提高公众对自然教育的认识和兴趣。大约 1/4 的自然教育机构希望投资者和捐赠者可以在介绍客户和推广平台方面提供支持。

（5）人才缺乏是自然教育行业发展面临的最大挑战。40% 的调研对象认为人才缺乏是行业面临的最大挑战。薪酬不高是一个原因，另外可能也与机构内部的人才规划和管理不善有关系。接受采访的专家表示，这对该行业来说是一个巨大的障碍，需要更多的合作努力，以规范化的方式培养人才（如通过资格认证实现基本技能标准化）。此外，鉴于从业者的教育背景不同，可能有更多的机会通过平台整合形式技能集来共享知识。35% 的调研对象认为行业平台有助于促进行业间的专业技能交流。

二、研究基础

对自然教育机构调研的目标是描绘全国各地自然教育机构画像，理解他们在自然教育能力建设方面的优先事项、挑战和需要。为此，我们要求每个自然教育机构只能有一名人员代表其机构完成调研。

（一）自然教育机构基础情况

1. 自然教育机构画像

在机构注册类型方面，2019年参与调研的机构中工商注册的机构占比最大（图2-30），这与2015年、2016年、2018年的调研结果一致，且为历年最高（61%）。

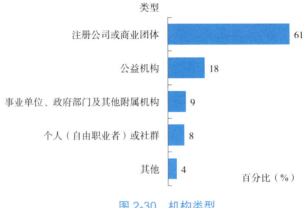

图 2-30　机构类型

2. 机构调查对象地理分布（n=287）

在调研对象的地理分布上，共有50家机构来自广东，数量最多；其次是北京22家、江苏19家、湖北18家（图2-31）。

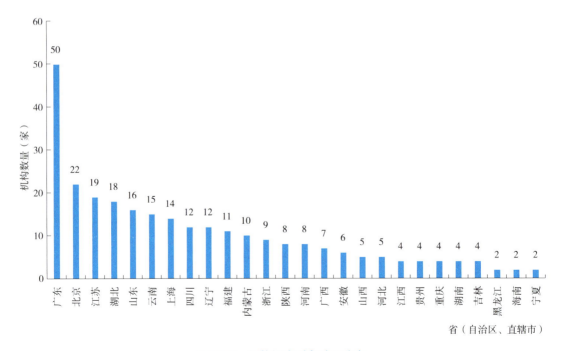

图 2-31　机构调查对象地理分布

3. 类型

调研对象 2019 年的全职人员数量主要为 3~10 人，占比为 55%（图 2-32）；女性职员的数量主要为 1~5 人，占比为 69%（图 2-33）；大部分调研对象都有非全职人员，有 24% 的调研对象有 6~10 个非全职人员（图 2-34）。

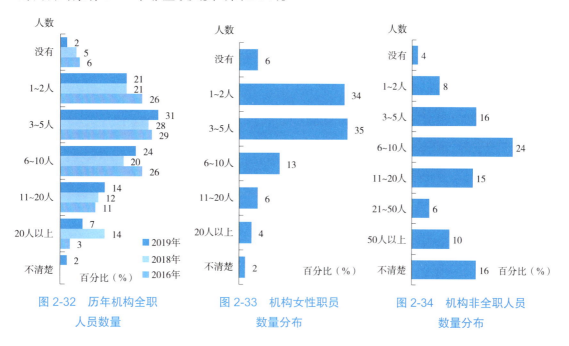

图 2-32　历年机构全职人员数量

图 2-33　机构女性职员数量分布

图 2-34　机构非全职人员数量分布

4. 自然教育机构使用场地

在参与调研的机构中，大部分调研对象会在市内公园、自然保护区、植物园和有机农场开展活动。其中，在市内公园开展活动的调研对象最多，占比为 72%（图 2-35）。在机构开展活动的场地所有情况方面，有 20% 的调研对象既有自有场地也有租用场地，47% 的调研对象仅有自有场地，33% 的调研对象仅有租用场地（图 2-36）。

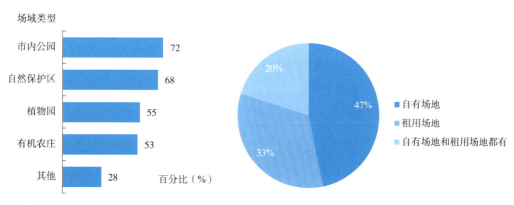

图 2-35　机构开展活动的场域类型

图 2-36　机构开展活动的场地所有情况

（二）自然教育机构财务状况

35% 的调研对象年运营经费小于 30 万元（图 2-37），在自然教育机构主要收入来源的调研显示，课程方案收入是六成以上的调研对象在过去一年的主要资金来源，被提及次多的主要资金来源的是来自政府的专项经费。（图 2-38）。

图 2-37　机构 2019 年总运营成本　　　图 2-38　机构主要收入来源

此外，注册性质为公司的调研对象更倾向于课程收费，而公益性质的调研对象更倾向于使用捐款。相比于 2018 年，能够盈利的调研对象的占比降低了 15%。而 50% 的注册性质为公司的调研对象期待 2019 年能实现盈利（图 2-39）。

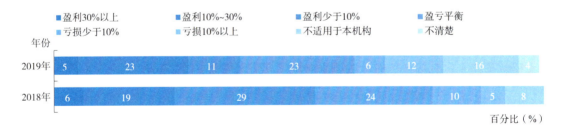

图 2-39　机构盈利情况

（三）自然教育项目目标群体

1. 目标群体和项目费用

调查结果显示，大多数受访机构锁定小学生及/或家庭为目标群体，接近 40% 的调研对象的平均项目费用在 100~200 元/（人·天）（图 2-40、图 2-41）。

2. 实际参与者和复购率

大多数调研对象的反馈每年参与自然教育活动的人次不足5000人次，仅有30%的调研对象的消费者复购率超过40%（图2-42、图2-43）。

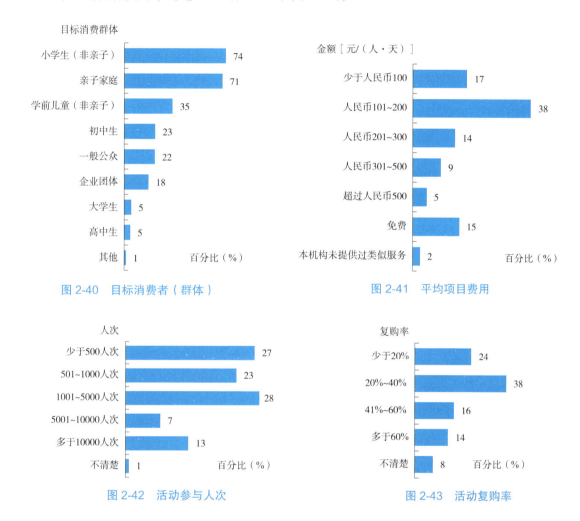

图2-40 目标消费者（群体）

图2-41 平均项目费用

图2-42 活动参与人次

图2-43 活动复购率

（四）自然教育服务

1. 提供服务种类

在服务提供方面，调研对象目标客户有政府、公司、企业社会责任部门，大部分调研对象提供承接自然教育活动的服务，其次是提供自然教育项目咨询和自然教育能力培训的服务（图2-44）。

几乎所有调研对象都面向公众开设自然教育体验项目（98%）。此外，调研对象还提供解说展示（47%）和旅行规划（34%）等服务（图2-45）。

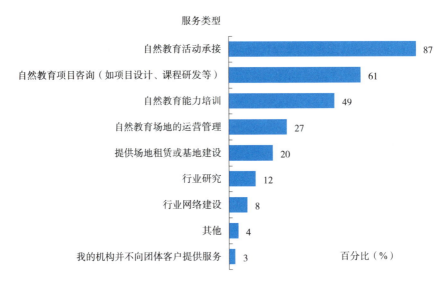

图 2-44 机构为团体客户提供的服务类型

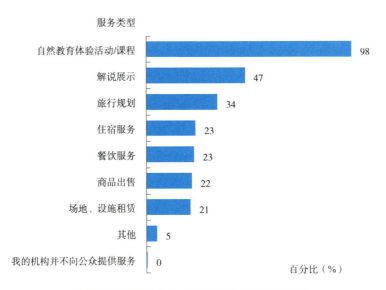

图 2-45 机构为公众个体客户提供的服务类型

2. 项目类型

自然观察（61%）、自然科普/讲解（47%）、自然游戏（44%）是调研对象为目标群体提供最多的自然教育服务。提供自然阅读（6%）和自然疗愈（5%）的自然教育机构占比相对较少（图 2-46）。

3. 自然教育服务发展

在 2018 年调研的机构预访谈中，我们了解到开发系列课程、自创教材、外聘专家、

图 2-46　机构开展自然教育的方式

核心客户社群运营、行业推动、市场调研是自然教育机构处于发展和成熟期的代表性工作内容。在 2019 年，项目组开始就这六个方面的工作的开展状况进行调研。同 2018 年的调研结果一致，调研对象开展最多的工作分别是提供系列课程、自创教材及外聘专家。对自然教育市场的相关调研工作，依然开展得最少。

2019 年，超过 2/3 的调研对象提供主题性课程以丰富自然教育产品和系列课程，1/2 以上的调研对象有自创教材（图 2-47）。

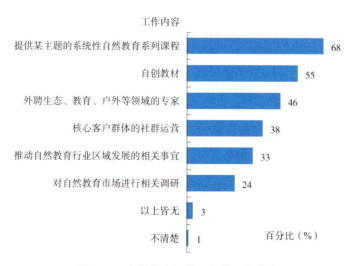

图 2-47　自然教育机构开展的工作内容

4. 活动评估和评价

近 3/4 的调研对象通过参与者进行满意度调查的方式进行自然教育活动评估，近一半的调研对象采用对参与者进行活动前后测评的方式进行自然教育活动评估（图 2-48）。

图 2-48　活动评估与评价

在华中地区[①]，40% 的受访机构提到以社交媒体跟踪作为活动评估手段，其他地区的机构较少使用这类方式。

（五）机构优先工作和挑战

1. 机构未来 1~3 年的优先工作

2019 年统计结果与 2018 年的相似，课程研发依然是大多数调研对象未来 1~3 年的优先工作，其次是提高团队在自然教育专业的商业能力。虽然行业整体面临缺乏良好商业能力人才的状况，但其重要性排序低于 2018 年的（图 2-49）。

2. 机构的最大挑战

40% 的调研对象面临的最大挑战是缺乏人才。近 1/5 的调研对象提到缺乏运营经费、缺乏政策去推动行业发展是首要挑战（图 2-50）。

---

① 各区域样本量：总数，$n=287$；华北，$n=46$；东北，$n=18$；华东，$n=79$；华中，$n=30$；华南，$n=59$；西南，$n=35$；西北，$n=12$；区域空值 $n=8$。

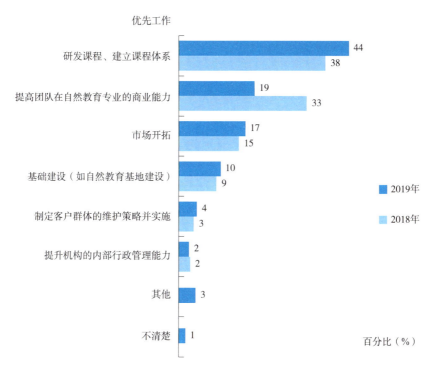

图 2-49　未来 1~3 年机构的优先工作

图 2-50　机构正面临的挑战

（六）能力建设及资源需求

1. 最需要投资者 / 捐款者提供的支持类型

最需要投资者 / 捐赠者提供的支持类型的调研结果显示，约 1/4 的调研对象需要平台推广、专业指导或者可根据机构需求自行安排的非限定性资助（图 2-51）。同时，每个区域[①]所需的支持也各有差异（表 2-2）。

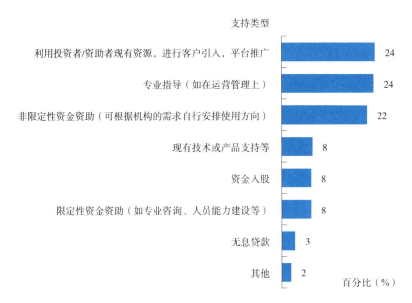

图 2-51 最需要投资者/捐赠者提供的支持类型

表 2-2 各区域机构最需要投资者/捐赠者提供的支持类型

区　　域	第一提及	第二提及
华北地区	专业指导/平台推广（59%）	
东北地区	专业指导（67%）	平台推广（61%）
华东地区	平台推广（67%）	专业指导（57%）
华中地区	平台推广（77%）	专业指导（63%）
华南地区	专业指导（66%）	限定性资金资助（58%）
西南地区	平台推广（63%）	专业指导（71%）
西北地区	专业指导/非限定性资金资助/现有技术支持（58%）	

2. 需要的合作伙伴类型

超过一半的调研对象期待与共同推动自然教育发展的有影响力的媒体合作，接近半数的调研对象希望寻找到能够帮助自身研发课程并提供专业培训的同行伙伴（图 2-52）。

---

① 各区域样本量：总数，$n=287$；华北，$n=46$；东北，$n=18$；华东，$n=79$；华中，$n=30$；华南，$n=59$；西南，$n=35$；西北，$n=12$；区域空值 $n=8$。

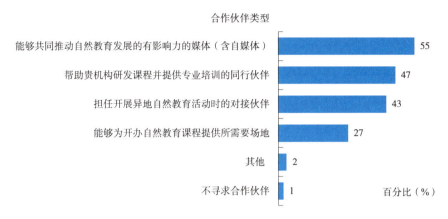

图 2-52 需要的合作伙伴类型

3. 最需要现有行业平台提供的功能类型

超过 1/3 的调研对象认为促进行业专业技能交流是目前现有行业平台最需要发挥的功能（图 2-53）。

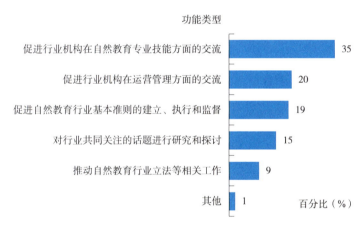

图 2-53 最需要现有行业平台提供的功能类型

4. 机构发展最需要的研究类型

近六成调研对象提到自然教育对儿童发展的影响方面的研究最为需要，在 2018 年的调研中，该项选择也是位列第一，这证明机构看到了需要为儿童参与此类项目的影响提供佐证（图 2-54）。

在东北地区[①]，最需要公众对自然教育的意识和态度方面的研究（67%）。

---

① 各区域样本数：总数，n=287；华北，n=46；东北，n=18；华东，n=79；华中，n=30；华南，n=59；西南，n=35；西北，n=12；区域空值n=8。东北地区样本量较小。

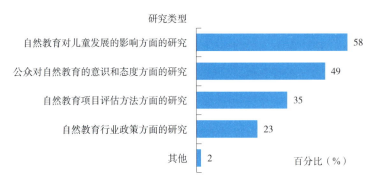

图 2-54　机构发展最需要的研究类型

5. 员工培训类型

在技能培训方面，71%的调研对象通过让其工作人员参与课程研发来提升员工的专业技能，这一点在从业者调查中得到了充分反映。关于通过教育资质的提升相关的培训来提升员工的专业技能，如鼓励员工正式修课或取得学位，调研对象提及的相对较少（图 2-55）。

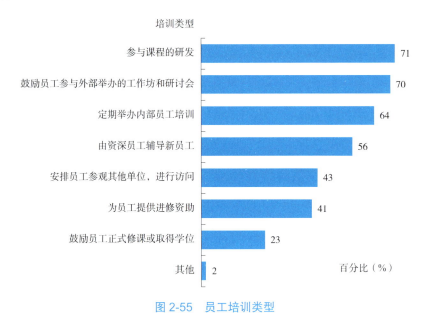

图 2-55　员工培训类型

（七）对行业发展的建议

1. 发展人才

自然教育从业者的素质和经验可能不一致。虽然有些从业者充满激情，但他们可能缺乏实操知识和技能。建议政府和机构提供更专业的培训并提供资金支持。

从业者的资格可以通过认证程序标准化实现，这将有助于确保从业者掌握从业所需的基本技能。

> 把教育行业的人才纳入进来，可以的话，全员学习教师资格证的基本常识，而不是固化在自然讲解员、自然体验师这样的狭窄领域，自然教育就是教育的正常状态，而不仅仅是自然科学环保知识的传递。
>
> ——华南地区，独立工作者

> 想从事自然教育行业的人还挺多，但是没有机会学习，承担不了过多的培训费用。希望机构专业培训收费不要太高，每年的自然教育论坛可以设置免费名额。
>
> ——华东地区，兼职人员

2. 对自然教育机构提供资金支持

一些受访者认为，由于资源竞争激烈，许多自然教育机构的生存正面临挑战。他们建议，给初创期的自然教育机构提供更多资金方面的支持。

> 为年轻人、为新的好的机构提供资金支持，让他们度过初创期。没有资金的支持太难了！
>
> ——西北地区，机构负责人

3. 加强行业网络的建设

许多受访者建议建立一个结构完善和目的性强的自然教育网络，为分享实例和促进行业发展的讨论提供平台。

> 建议引入更多国外的自然教育课程或经验分享和交流，探索寻找适合中国本土不同区域的自然教育方式。目前，我们仍缺乏发挥地区自然优势、发展特色自然教育的手段。
>
> ——华南地区，自由职业者

4. 更好地定义自然教育内涵

受访者认为，自然教育应该更深入。在传授知识或提供体验之外，更要以价值观为导向，追求对个人发展的影响。他们认为，通过重新思考自然"教育"的含义，整个行业将从中受益。同时，为扩大自然教育的影响范围，受访者建议将自然教育受众群体扩大到年龄更小的儿童上，例如幼儿园这一年龄阶段。

> 目前自然教育机构与学校的衔接太少，服务群体多为感兴趣的会员群体，影响范围很小。现在很多幼儿园已经开始越来越关注自然教育，但大部分自然教育的社会机构擅长的对象并不是幼儿阶段的孩子，可以开发针对幼儿园系统的自然教育课程，并进行大量推广（目前幼儿园体系里面主要学习的是北欧的森林教育，更多是理念，很难落地）。
>
> ——西南地区，机构负责人（问卷）

5. 推动立法

受访者坚定地认为，自然教育需要更多的立法支持，但他们对所需的立法类型尚不清晰。一些受访者认为立法可以提高公众对自然教育的认识，为该行业的可持续发展创造更多机会。

> 坚持行业调查，推动自然教育网络根据从业者的普遍需求来调整对行业人才和机构的服务内容；另外，推动环境教育/自然教育立法，为行业可持续发展创造契机。
>
> ——西南地区，机构负责人（问卷）

（八）自然教育机构访谈分析

本节主要围绕机构成功因素、行业发展中的挑战与机会、行业发展建议3个角度总结了对5个有代表性的自然教育机构的深度访谈的主要发现。

1. 机构成功因素

（1）需要明确机构愿景和项目目标

相对成熟的自然教育机构成功的背后，有着清晰的愿景和要传达的信息。机构的战略目标和要向参与者传递的关键信息是自然教育项目设计的基础。这有助于让整个项目有明确的成果，满足特定参与者的学习需求。

> **案例分析**
>
> 在云南在地自然教育中心，培养参与者对自然的热爱和以行动为导向的态度是其主要目标。为了实现这一目标，机构必须对参与者的体验和个人发展作出长期承诺。因此，这确保了学员至少要修 3 年的课程。因为这种方式，许多参与者后来成了志愿者，最终影响到新的参与者。
>
> 我们有一个比较具体的案例（去说明我们在课程设计的理念），就是孩子参加了我们的活动 6 年，对自然的兴趣愈来愈浓厚；后来，连妈妈都有报名参加，甚至担任了志愿者，现在都会独立举办自己的活动，教小区里的一些奶奶、阿姨，比我们还要专业。
>
> ——王愉，云南在地自然教育中心创办人

（2）利用自然中的场域作为开展自然教育的场所

好的自然教育设计的重要元素是在真实的自然场域中开展自然教育。能够让参与者体验自然、在自然中生活的机构，能够对参与者产生更大的影响，让参与者对自然更加充满热爱。

> **案例分析**
>
> 云南在地自然教育中心于 2015 年开始创办自己的自然学校。作为培训的一部分，志愿者和培训参与者可以住在自然学校中，参与自然学校的各项生活和工作，他们亲身参与耕种、收获、做饭、洗碗，成为一种实际的生活实践。
>
> 自然教育学校的意义并不只在于成为一个活动的基地，更是在活动中实行了真实的可持续发展或环保的理念。
>
> ——王愉，云南在地自然教育中心联合发起人

（3）重视自然教育人才的热情、态度和技能

寻找真正热爱自然的人才是成熟的自然教育机构选拔人才的一个重要评判标准。真正的热情是一个强大的工具，可以影响和吸引他人发展对自然的热爱。他们还强调，需要把重点放在员工态度、技能和知识的提高上，以帮助员工更好地与参与者建立联系，并确保高质量、有深度的项目，促进参与者的成长。

案例分析

自然教育者是参与者的主要接触人员，情意自然教育（Nature Dao，简称 ND）是目前国内自然教育行业中人才培养系统最早期的拓荒者，也是最早融合内在生命成长与体验式自然教育为重点的教育体系，重视生命情感意识和意志力的培养，最早追溯到 1993 年由儿童自然体验教育始，至 1997 年以独有的情意自然教育理念及手法专注培养人才，至今已有 27 年。2006 年始在青海、广西、北京、贵州、广东、陕西、四川和杭州等地举办营队式培训，2015 开始正式以 ND 系统式培养计划培养人才，重视人才的整全成长与陪伴，有一个完整的人才成长体系。人才成长起来后又融入情意自然元素在全国各地做自然教育行业领域的创新发展，并且以机构或者个人身份和总部有项目上的互动合作。

（4）鼓励项目设计创新

有一些机构认为，拥有多样化的项目和特色项目对吸引参与者至关重要。鸟兽虫木自然保育中心拥有多种项目可供选择，例如海外生态旅行，因此吸引了很多人参与他们的自然教育活动。活动种类丰富，能让机构从众多机构中脱颖而出，也能吸引更多不同类型的客户。

案例分析

在拉图尔自然生活社区，内部项目开发是一个关键因素。为了实现创新，该机构限制其自然教育者参考其他机构或直接复制市场上现有项目，而是努力培养员工的创新能力，在团队内部建立强大的学习文化，加强对自然教育的认识。

（5）通过合作寻找资源

行业内对资金、场地、人力等各种形式的资源的需求和竞争越来越大。为了解决这一问题，红树林基金会采取的一个重要策略是与政府和社区伙伴进行战略合作。

案例分析

湿地是最脆弱的生态系统之一。红树林基金会的一个重要使命是建立公众与湿地的联结、唤起公众对湿地保护的使命感。它一直积极与政府合作，成为众多自然保护区和湿地公园的战略合作伙伴。通过这样的战略合作，组织中小学生到自然保护区和湿地公园进行学习，为他们提供了在自然环境中的真实生命体验。

2. 行业发展中的挑战和机会

（1）挑战

①资源竞争激烈，创业维艰

我国自然教育领域发展迅速。随着越来越多的人开始创业，专家认为，缺乏合作使行业内对有限资源的竞争愈发激烈。一位专家指出，外部资助者更倾向于资助成熟的机构，而不是初创机构。这使得初创机构很难成功，尽管有许多充满激情和抱负的创业者希望建立自己的自然教育机构。

②吸引人才仍然面临重重困难

缺乏人才使这个行业难以发展。缺乏人才战略和适当的培训，也加剧了这种情况，最终会影响到机构的可持续性。专家们认为，这对整个行业来说是一个重大挑战。他们总结了一些需要解决的根本问题。

a. 很难进入这个行业——在正规教育体系内，还没有专门培养自然教育人才的专业设置[①]；

b. 员工培训费用昂贵，但来自政府的资金支持很有限；

c. 自然教育行业薪水不稳定，从业者难以谋生，因此难以留住高级人才；

d. 自然教育知识不易迁移；

e. 具有市场营销等专业背景的人很少进入自然教育领域，因为薪酬待遇不具吸引力，而且缺乏职业发展机会。

③招募参与者的推广力度不持续

专家指出，对于很多机构而言，最初活动的报名率很高，这主要是由于曾经参与过活动的客户，会为自然教育机构进行推广、宣传。然而，大多数机构没有正式的市场推广计划或策略。这通常是由于机构内部缺乏市场推广专业能力，这也对应了行业中整体缺乏专业人才和这些专业技能的问题。

（2）机遇

人们对改善健康和福祉的需求不断增长。尽管行业面临诸多挑战，但许多专家仍对行业前景保持乐观。他们认为，中国公众越来越意识到到户外、到自然中去的重要性。人们对生活质量的要求越来越高，与自然的联结是实现这一目标的一个维度。此外，公众购买力的提高也意味着人们愿意为自己和自己的孩子获得与自然的联结而付费。

---

① 研究期间，教育部公布，自2020年起，普通高等学校高等职业教育（专科）专业设置中，旅游大类将新增"研学旅行管理和服务"专业。

3. 行业发展建议

（1）需要更多行业对话和政府政策支持

为了促进行业发展，专家们提到的第一件事就是需要通过一个更为成熟的协作平台来建立一个行业网络。搭建一个供行业伙伴们收集和分享信息、观点的平台。

为了让这个平台更好地发挥作用，专家们有如下建议：进一步定位自身为一个专业机构；推动政府制定有利于自然教育行业发展的政策；开展大规模的相关研究；探索人才培养策略；为在地网络引入国际资源。

专家们还认为，该行业的行为准则可以更加明确和规范。《自然教育行业自律公约》可以发挥杠杆作用，为建立行业标准提供参考。

> 其实，自然教育还没有形成一个真正的行业或者产业，社会公众对自然教育的认知也还很有限。没有公众的参与和支持，这个行业也很难发展好。当今，我们自然教育的从业机构普遍都很小，就像一只只的小蚂蚁，力量还很微弱，单打独斗，缺乏一个整体性的视角来发展。跨界合作，可以汇聚起更多的力量，带来更大的影响力，创造更大的社会价值。
>
> ——赖芸，鸟兽虫木自然保育中心

> "订立共同的规范"就会避免自然教育行业昙花一现，发展到大家都不愿意再提起它的地步。不管行业伙伴是有意还是无意地做了一些违反了规范的事情，也不管是这个行业没有底线还是没有规范，无论谁做什么，都是说在做自然教育，最后都可能会使公众失去对自然教育的信心。
>
> ——华南地区，机构管理人员

（2）规范自然教育领域人才培养模式

应采取更有针对性的措施，解决自然教育领域的人才问题。专家们建议，可以出台针对自然教育从业人员的规范和资质等标准指引。他们认为，如果能开发一个战略性的人才培养课程作为参考，会很有帮助。同时也应该积极整合资源，支持自然教育机构的培训需求，这也将有助于引导潜在人才，为进入自然教育行业发展做好准备。

> 很多机构都有自然教育培训项目，那么就需要把不同培训之间的关系建立一个更系统的框架出来……知道每一个培训项目所培养的是哪些方面的素养和技能……

让从业者或者愿意进入这个行业的伙伴不会不知所措。

——华南地区，机构管理人员

（3）自然教育机构在运营中，需要更加有商业思维

对于那些寻求发展的机构，专家们认为有必要根据自身需求将商业思维运用到机构运营。这将有助于机构向投资者寻求投资，并为投资者注入信心。一位专家担忧，这种商业合作可能会给自然教育机构带来满足投资者期待的压力。机构可能需要在投资回报最大化与自然教育的目的和目标之间找到一个适当的平衡。

如果我们要可持续发展下去，那就需要引入"商业化"的思维模式，来支持机构的发展，比如说提供优质的课程内容和服务，打磨更具有教育意义和内涵的活动产品，提升自然教育导师的水平和能力……不能仅仅满足于现状，停滞不前。把更多的精力投入在内容、总结、评估、复盘再优化的循环中去，提升自己在市场的竞争力和优势，并逐步扩大市场规模，形成一个有价值的教育产业。

——赖芸，鸟兽虫木自然保育中心

当时我们一直没有很大的资金条件去建立自然学校，试过找个人投资，但却担心会改变本身的理念和方向。

——王愉，云南在地自然教育中心创办人

（4）重新定义"教育"

大多数接受访谈的专家认为，自然教育项目的质量决定了自然教育的成功。他们认为，自然教育不仅要培养人们对自然的兴趣，还要帮助人们形成保护环境的态度。为了实现这一目标，有人建议需要对教育的定义进行"重新思考"。自然教育项目不应局限于提供一次性的体验，而应进行优化，以对参与者产生积极影响。机构有必要设计更多的长期项目，为参与者提供更长期在自然中的机会。留住老客户应该是机构的当务之急，因为他们经常会成为志愿者，向更多的人推广这样的在自然中的学习体验、推广提供这样的项目的机构。

（我认为自然教育应该）往深做，不要往广做……如果我们做了这个活动，但根本都没办法改变小孩，这就没有意义了。我建议要专注于教育的本身，要有更多的思考，设计有特点、有深度的教育。

——辰风，拉图尔自然生活社区

（5）树立中国在自然教育中的形象和领导地位

中国在自然教育领域的领导地位如果能得到更多的认可并在国际上展示，可以帮助从业者想象和看到自然教育的发展前景。各机构应采取措施，帮助教育工作者发展全球视野，并学习其他国家的先进经验。

中国拥有丰富的生物多样性和自然资源，通过顺应独特的本土文化及其需求而发展自然教育，有潜力成为自然教育的引领者。

中国有非常好的基础，从地理来说，涵盖了几乎所有地貌，比外国都要丰富。

——辰风，拉图尔自然生活社区

第三章
自然教育服务对象

第一节 主要发现

1. 受访者对其自身和其子女接触自然的必要性普遍非常重视,超过九成的受访者至少每月参与 1 次户外活动

超过九成的受访者表示,他们和 / 或他们的家人每月至少参加 1 次户外活动。近 1/2 的受访者提到,在过去 12 个月里,他们参与了观察野外的动植物(48%)、拍摄自然照片(47%)、参观植物园(47%)或动物园 / 动物救护中心(45%)等户外活动。

2. 受访者对一些关于人与自然的关系、个人福祉和环境态度相关的陈述非常认同。参与户外活动多的受访者比参与少的受访者对自然的认知和自然保护的认同度更高

这包括与自然和谐相处的概念,改善一个人的健康(如在自然中锻炼身体、与家人共度时光等),以及支持保护环境 / 自然的行动。对这些说法的强烈认同,可能反映出公众在社会和文化上接受的态度和行为,以及对城市化和发展的反应。与那些较少参与户外活动的受访者相比,经常参与户外活动的受访者对自然的认知和自然保护的态度和行为的陈述表现出更强认同,这表明更频繁地进入大自然有可能增强对自然和环境的积极态度。

3. 大多数受访者表示他们(89%)和他们的孩子(82%)过去曾参加过自然教育活动

受访者在被问及他们的自然教育参与情况之前,研究团队已告知他们关于自然教育的定义。受访者反映的高参与率可能意味着一线和二线城市有许多自然教育活动和参与自然教育的机会。也有可能受访者混淆了享受自然与自然教育的概念。受访者还反馈了对自然(86%)和自然教育(79%)的高度了解("非常"或"相当"了解)。这可能与他们参与自然教育活动的意识有关。

4. 几乎所有的受访者都表示，他们在未来 12 个月内至少"有一定可能"参加自然教育，近一半的受访者表示"非常有可能"参加

那些收入较高的家庭较收入较低的（分别为 59% 和 31%）表示他们"非常有可能"参加自然教育的可能性更高，后者认为活动成本是参与的障碍。喜欢户外活动的人也表示他们更有可能会经常参加自然教育（例如，超过一半的户外爱好者说每周至少一次参加自然教育，而平均值为 12%）。30% 的受访者表示，自己或孩子可能不参加自然教育活动的主要原因之一是对活动安全、费用和场地位置的担忧。

5. 总体而言，受访者认为自己或孩子参与自然教育活动的主要益处和动机是感到与自然的和谐以及培养对自然和地球的责任感

受访者不太可能将自然教育的情感益处视为参与的主要动力，例如，培养同情心和友谊、提高社交技能、包容和加强社群。这表明，公众对自然教育的认识是建立自我与自然的关系，而不是一种社会活动。

6. 总体而言，大多数受访者（95%）对他们或他们的孩子参加的自然教育活动表示满意

他们对所参与的自然教育活动的开展过程、自然教育者和活动效果等大多数方面都感到满意。受访者最喜爱的自然教育活动是自然体验（57%）。受访者在选择自然教育活动时最关心的是自然教育导师的素质和专业性（45%）。

7. 受访者大多愿意在自然教育活动上花费 100~300 元 / 天·人

1/3 的受访者认为 100~200 元是合理的，另有 1/3 的人愿意支付 201~300 元。受访者愿意为儿童项目支付更少的费用，特别是那些收入较低的人群，只有 18% 的受访者愿意支付 200 元以上的费用。这可能会对一、二线城市的自然教育机构的定价策略有影响。

第二节 研究基础

一、样本画像

（一）地理分布

该部分调查的样本总量 $n=1001$，其中，一线城市（各城市 $n=150$），包括北京、广州、上海、深圳；二线城市（各城市 $n=100$），包括成都、杭州、武汉、厦门（$n=101$）。

（二）人口社会特征

该部分调查的主要受访者已婚并育有 1 个孩子（图 3-1）。

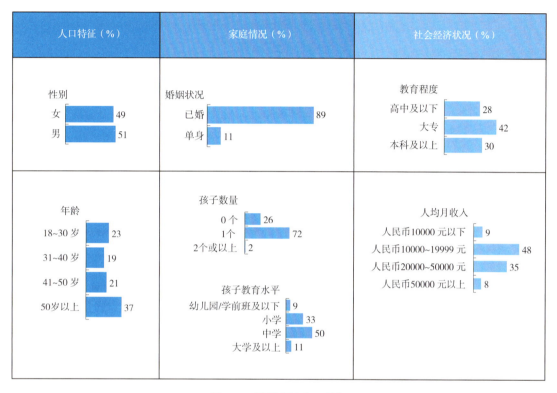

图 3-1　受访者的人口特征

注：图中数据已剔除零值。

二、公众对自然的态度和看法

（一）自然户外活动重要性和频率

对于大多数受访者和他们的孩子来说，在自然中度过时光是很重要的（图 3-2）。近 2/3 的受访者表示每月参加一次或多长户外活动（图 3-3）。

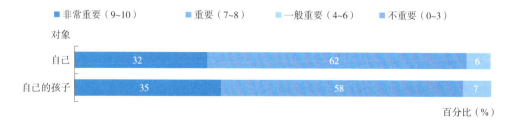

图 3-2　受访者认为花时间在大自然的重要性

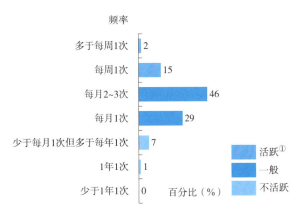

图 3-3 受访者自然户外活动频率

一线城市的受访者（94%）比二线城市的受访者（88%）更倾向于每月至少参加1次户外自然活动。在所有年龄组中，50岁以上的受访者户外活动最为活跃（22% 为活跃）。41~50岁的受访者户外活动最不活跃（10% 为活跃）。

（二）户外活动的参与情况

调查结果显示，参与调研的一线城市和二线城市公众中，近1/2的受访者曾参加过自然观察活动或去过植物园或动物园，参观博物馆等室内活动被较少提及（表3-1、图3-4）。

表 3-1　不同类型的调查对象过去 12 个月参加的活动情况

类　　型	第一响应	第二响应	第三响应
一线城市	观察野外动植物 （48%）	户外体育运动 （46%）	参观动物园/动物救护中心 （45%）
二线城市	参观植物园 （53%）	大自然摄影 （51%）	观察野外动植物 （47%）
活　　跃	参观植物园 （52%）	观察野外动植物 （43%）	大自然摄影 （41%）
不 活 跃	观察野外动植物 （57%）	健身/瑜伽 （43%）	参观动物园/动物救护中心 （42%）

---

① 在本报告中，将"活跃"定义为每周参加1次或多次户外活动，而"不活跃"定义为每月参加户外活动的次数少于1次。

图 3-4　受访者过去 12 个月参与的活动频率（总提及次数占比）

（三）对待自然和自我的态度与观念

80% 以上的受访者对自然、自然活动和健康持有积极的态度和看法。值得注意的是，有 60% 的受访者表示时常感到紧张或焦虑（图 3-5）。

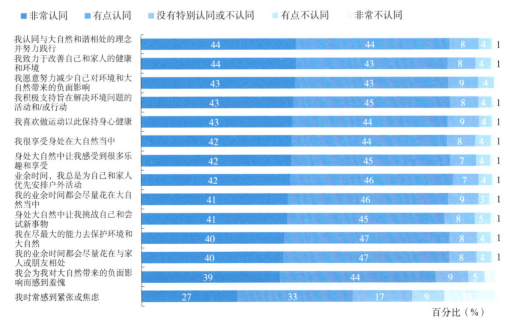

图 3-5　受访者对待自然和自我的态度与观念

活跃参与户外活动的受访者比不活跃参与户外活动的受访者更倾向于赞同关于自然、自然活动及其幸福感的积极陈述（图3-6）。

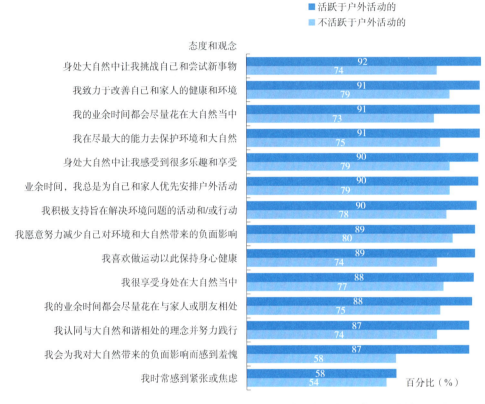

图3-6 参加户外活动活跃度情况与对待自然和自我的态度与观念认可度的交叉分析

三、自然教育的认知与参与

（一）对自然与自然教育的知晓度和理解

近九成的受访者表示，他们至少对自然有相当的了解；近八成的受访者对自然教育有相当了解；没有受访者认为他们对自然或自然教育"完全不了解"（图3-7）。

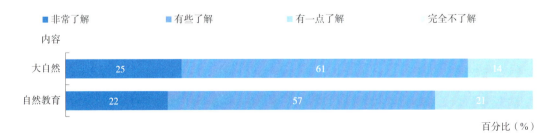

图3-7 受访者对自然与自然教育的知晓度

（二）成人与儿童的自然教育项目参与度

调研结果显示，近九成的受访者参加过自然教育活动。在有孩子的受访者中，82%的受访者表示他们的孩子参加过自然教育项目（图3-8至图3-10）。

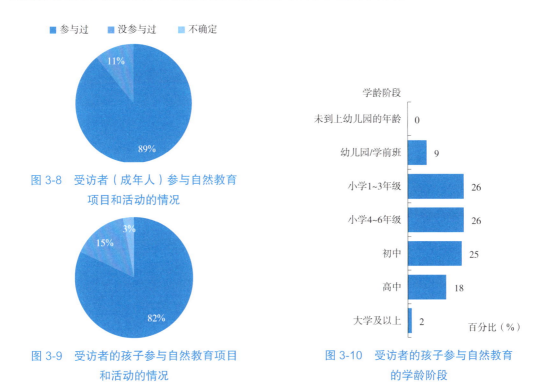

图3-8　受访者（成年人）参与自然教育项目和活动的情况

图3-9　受访者的孩子参与自然教育项目和活动的情况

图3-10　受访者的孩子参与自然教育的学龄阶段

（三）自然教育项目参与情况人口统计分析

在自然教育活动参与情况的调研中，50岁以上的受访者（98%）参与自然教育活动情况要高于年轻的受访者（图3-11）。户外活动较多的受访者（98%）的孩子参加自然教育活动的频率要高于户外活动较少的受访者（56%）（图3-12）。与其他城市相比，广州的受访者较少提到自己参加过自然教育活动，而武汉和厦门的受访者较少表示他们的孩子参加过自然教育项目（图3-12）。

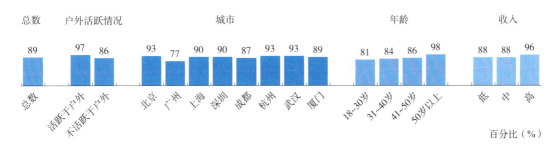

图3-11　受访者参与自然教育项目和活动的情况

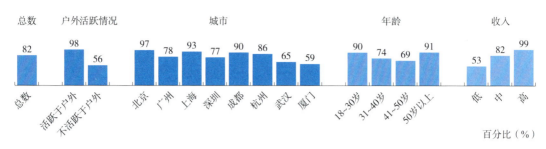

图 3-12 受访者中儿童参与自然教育项目和活动的情况

四、对自然教育成效的认知情况

（一）参与自然教育活动以后的态度变化

受访者认为，通过参与自然教育项目培养的最主要的品质包括与自然更加和谐的感觉、保护大自然的责任感、对自然和保护大自然的兴趣（图3-13）。

相对较少比例的受访者选择参加自然教育活动能够帮助发展或提高同情心、友谊和机智（图3-13）。

31~40岁（41%）和50岁以上（39%）的受访者更重视为自己/孩子培养解决问题的能力。

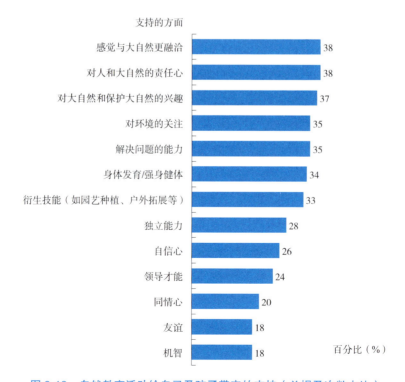

图 3-13 自然教育活动给自己及孩子带来的支持（总提及次数占比）

（二）参与自然教育活动的动机和原因

受访者参加自然教育活动的主要动机包括加强与自然的联系，养成有益于环境的行为，以及培养对自然的好奇心和兴趣（图3-14）。

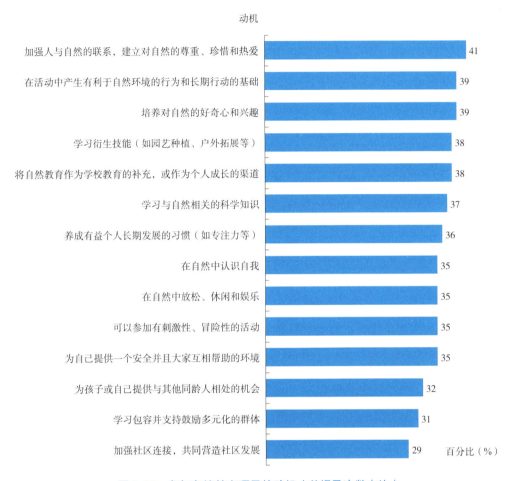

图3-14 参与自然教育项目的动机（总提及次数占比）

（三）参与自然教育活动的阻力

活动安全（31%）、价格（31%）和地点（31%）是受访者参与自然教育项目的最大阻力。在自然中感到不舒服这一参与自然教育活动的阻力被提及最少（图3-15）。

二线城市的受访者面临的最大阻力是场地位置太远（33%），以及缺乏有关当地自然教育活动的信息（31%）。

在武汉，43%的受访者表示，最主要的阻力是没有足够的当地自然教育活动信息。在深圳，40%的受访者表示，最大的阻力是场地位置太远。

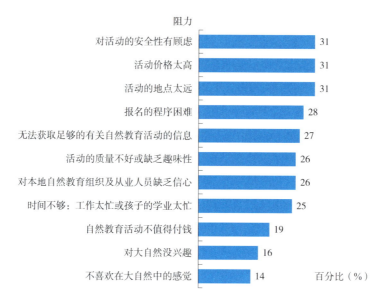

图 3-15　参与自然教育项目的阻力（总提及次数占比）

五、对自然教育活动的满意度

（一）对自然教育活动的总体满意度

总体而言，受访者对所参与的自然教育活动感到满意，没有受访者认为他们对自然教育活动"非常不满意"（图 3-16）。

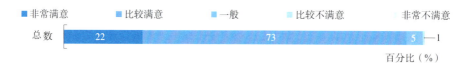

图 3-16　对参与的自然教育项目的总体满意度

表示"非常满意"的受访者中，低收入受访者比中高收入受访者少（图 3-17）。

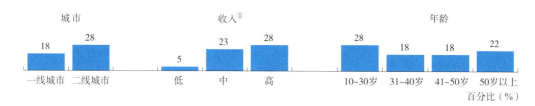

图 3-17　对参与的自然教育项目总体非常满意的受访者情况

---

① 参加自然教育活动，n=902；收入：低，n=85；中，n=738；高，n=79；年龄：18-30，n=194；31-40，n=164；41-50，n=187；50以上，n=357。

在调查的 8 个城市中，成都的受访者最满意（42% 非常满意），其次是武汉（32% 非常满意）。

（二）自然教育活动各方面满意度

大多数受访者对他们参与的自然教育活动的许多方面都感到满意，包括活动后的维护、活动氛围和自然教育导师的专业性（图 3-18）。

平均只有 2%~4% 的受访者对他们参与的自然教育活动的某些方面不满意。

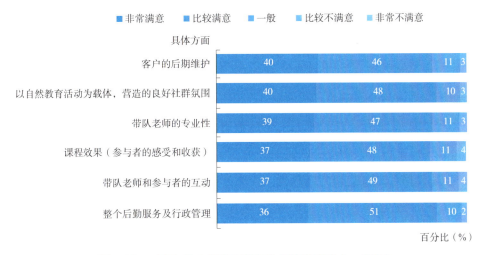

图 3-18　对参与的自然教育项目的具体满意度（n=902）

六、自然教育活动偏好

（一）最感兴趣的活动类型

近六成的受访者表示，他们对能让自己身处在大自然中的自然体验感兴趣。在户外探险、农耕、博物和环保知识认知、工艺手作、专题研习或研学旅行方面的偏好差别不大（表 3-2、图 3-19）。

表 3-2　不同类型的调查对象最感兴趣的自然教育项目 / 活动

类　　型	第一响应	第二响应	第三响应
活　跃	户外探险类 （如攀岩） （47%）	专题研习 （如和科学家一同保护野生物种） （45%）	大自然体验类 （如体验自然生活） （44%）
不活跃	大自然体验类 （如体验自然生活） （57%）	博物和环保知识认知 （47%）	户外探险类 如攀岩 （47%）

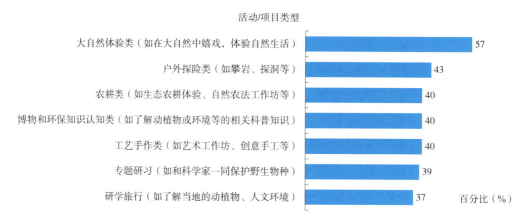

图 3-19　最感兴趣的自然教育项目类型（总提及次数占比）

（二）愿意为自然教育活动承担的价格

1/3 的受访者愿意为针对成年人的自然教育活动支付每天 100~200 元人民币，另外 1/3 的受访者愿意支付每天 201~300 元人民币。而对于有孩子的受访者来说，儿童自然教育活动的合理价格，29% 受访者选择每天 101-200 人民币，31% 受访者选择每天 201-300 人民币，25% 受访者选择了每天 301 人民币以上（图 3-20）。

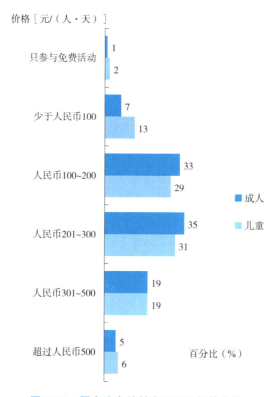

图 3-20　愿意为自然教育项目承担的价格

对于没有孩子的受访者来说，只有5%愿意为自己的自然教育活动每人每天花费300元以上①。

（三）愿意为自然教育活动承担的价格（考虑月收入）

几乎所有的低收入受访者都表示，他们不会在自然教育活动上花费超过每人每天300元人民币；受访者在成年人项目上的支付意愿较低（图3-21、图3-22）。

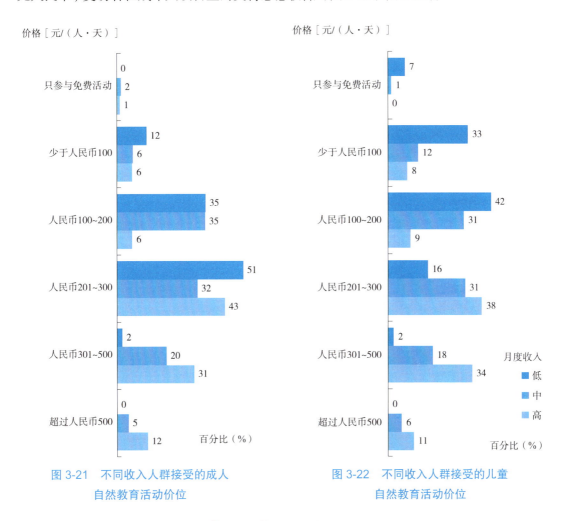

图3-21　不同收入人群接受的成人自然教育活动价位

图3-22　不同收入人群接受的儿童自然教育活动价位

（四）愿意为自然教育活动承担的价格（年龄组）

调研结果显示，50岁以上的受访者比其他年龄组更愿意支付每天200元以上的课程费用；18~30岁的受访者比其他年龄组更愿意为他们的孩子支付超过300元人民币的课程费用（图3-23）。

---

① 总数 n=1001，有孩子 n=743，没有孩子 n=258。

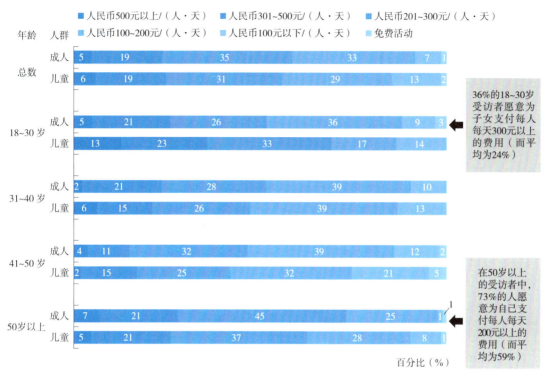

图 3-23　成人与儿童自然教育活动的合理价位

（五）参与自然教育的可能性

几乎所有受访者都表示，他们可能在未来 12 个月内参加自然教育活动（图 3-24）。然而，与高收入者（59%）相比，较少低收入者（31%）表示他们"非常可能"参与其中（图 3-25）。

图 3-24　受访者未来 12 个月参与自然教育活动的可能性

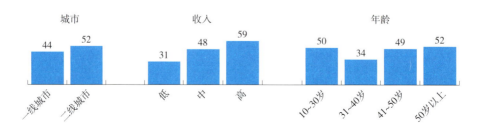

图 3-25　未来 12 个月非常可能参与自然教育活动的受访者的情况

（六）期望参与自然教育的频率

1/3 的受访者预计他们未来 12 个月将每月参加 1 次自然教育活动。活跃的户外活动爱好者表示希望更频繁地参加自然教育活动（例如，超过 1/3 的人说每周至少 1 次）（图 3-26）。

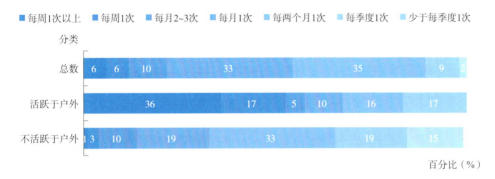

图 3-26　未来 12 个月参与自然教育的频率

（七）选择自然教育活动的重要考量因素

在受访者选择自然教育课程时，自然教育导师的素质和专业性是最重要的考虑因素，其次是课程设计。很少受访者表示对孩子成长有益是选择自然教育活动的重要考量因素。（图 3-27）。

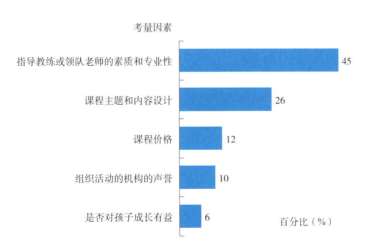

图 3-27　影响选择自然教育项目的重要考量因素

（八）参与者如何获知自然教育活动

大多数受访者都是从机构的广告和社交媒体上获知他们参与的自然教育活动。很少受访者表示他们知晓自然教育者在他们孩子的学校或活动场所举办的活动，这表明在这些场所可能没有足够的关于自然教育活动的信息交流（图3-28）。

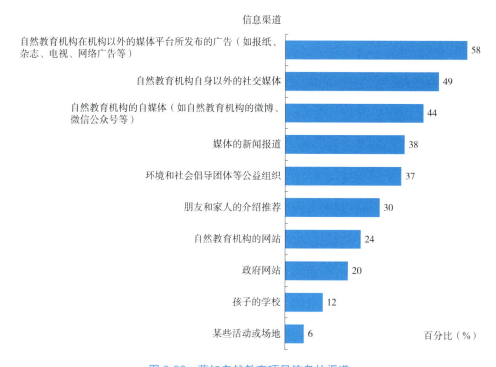

图 3-28　获知自然教育项目信息的渠道

第四章
自然教育目的地：自然保护地

第一节　主要发现

1. 在受访保护地中，多数开展过自然教育活动，以科普和自然观察为主

80% 以上的受访保护地开展过自然教育活动，其中，最常开展的是科普讲解活动和自然观察；60% 以上都具备了最基本的硬件设施和服务能力，自然公园的硬件设施相对自然保护区要更加完善。

2. 现阶段受访保护地的自然教育更多地面向小学生群体与周边社区群体

保护地可独立开展非营利性的自然教育，90% 以上的受访保护地单位是开放合作的心态，其合作伙伴偏好包括专业的自然教育机构和具有传播力的媒体，在学生群体中更偏好与大学合作。但受访保护地与周边社区间的合作意识需要加强。

3. 受访保护地当前开展自然教育最需要的支持是专项经费与专业人才

目前对受访保护地来说，开展自然教育最大的需求是专项经费支持、专业人才与专业的课程/活动设计。在未来发展中，建议业界优先加强对自然教育的专业研究和课程研发，一方面针对保护地相关员工开展能力培养，另一方面帮助保护地研发专业性强的自然教育活动。

4. 现阶段，鼓励由专业的自然教育机构为保护地提供员工培训与专业课程设计，并拓宽员工能力培养的渠道和加大支持力度，借鉴国际经验，优先在活动解说能力与组织能力方面提升

在政策支持上，完善关于保护地开展自然教育活动的顶层设计，对于鼓励提高宣教水平的保护地增加专项经费的支持。此外，受访保护地还面临人手紧缺，工作类型多样化、复杂化的问题，导致即使有心发展自然教育，也缺乏专职人员，建议关注保护地的人才培养与人员扩充问题，提高员工待遇，推进员工技能培训，增加能够实地发挥作用的基层员工的数量。

第二节 研究基础

一、样本画像

（一）样本组成

本次调研共收到有效问卷341份，含279家自然教育目的地单位，其中，绝大多数为自然保护地（98%），有2%的受访机构为其他类型的目的地，包括自然教育学校、林场、研究基地等。由于非自然保护地的受访机构占比较少，在后文的分析中统称为受访保护地。样本覆盖了全国25个省（自治区、直辖市），湖南和广东参与调研的机构最多（图4-1、图4-2）。

样本的机构类型以自然保护区为主（63%），保护区样本中包含110个国家级、60个省级和6个县级自然保护区。其次，森林/湿地/地质公园、风景名胜区等自然公园类型的保护地合计占32%，问卷同时收集到了现已并入国家公园试点区域的7家单位，以及少数自然教育学校和研究基地（图4-1、表4-1）。

（二）分析方法

问卷中有27家单位存在数量不等的重复填写的问卷。数据处理时，在以机构数量或比例为统计单位的分析内容上，去除重复问卷；在对主观题的分析中，考虑到观点的差异性，保留所有的有效问卷。

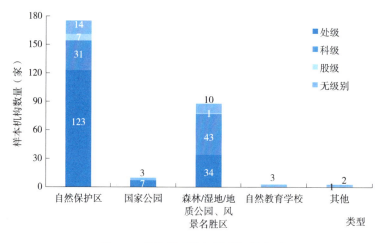

图4-1 参与调研的保护地机构类型

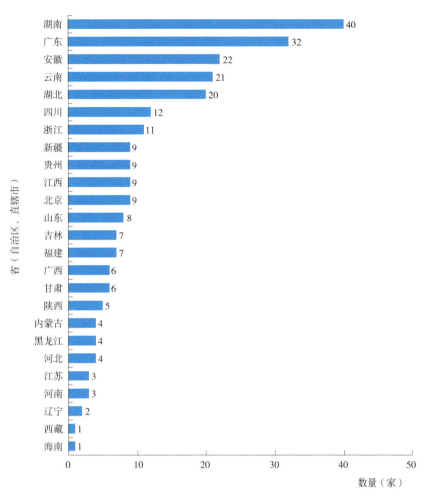

图 4-2　样本机构省份分布

表 4-1　参与调研的保护地机构类型与数量

目的地类型	处级	科级	股级	无级别	总计	占比（％）
自然保护区（家）	124	32	6	14	176	63
国家公园（家）	5	0	0	2	7	3
森林/湿地/地质公园、风景名胜区（家）	35	40	2	13	90	32
自然教育学校（家）	0	0	0	3	3	1
其　他（家）	0	0	1	2	3	1
总　计（家）	164	72	9	34	279	—
占　比（％）	59	26	3	12	—	—

二、保护地开展自然教育现状

（一）自然教育起始年份

半数以上（55%）的受访保护地在最近 10 年开始开展自然教育业务，自然学校多在近 5 年兴起。也有 22% 的受访保护地 2000 年以前就开展自然教育业务。自然保护区相对来说开展得更早，约 20% 的保护区 20 世纪 90 年代或更早以前就开展过自然教育，如河南董寨国家级保护区、湖北大佬岭国家级保护区、湖南索溪峪省级自然保护区、四川察青松多白唇鹿国家级自然保护区等都在 1980 年以前就开展过自然教育活动（图 4-3）。

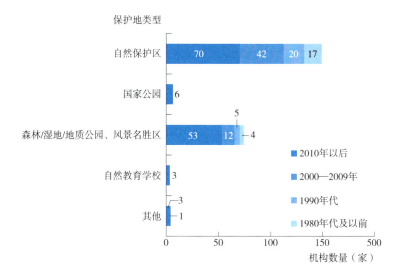

图 4-3 最早开展自然教育活动的年份（按保护地类型分）

（二）活动类型

65% 的受访保护地开展过 1~3 种自然教育活动，国家公园与自然教育学校的活动类型相对更丰富一些，平均在 3~4 种；自然保护区和森林/湿地/地质公园、风景名胜区平均在 2~3 种。

最常见的自然教育活动是科普讲解与自然观察。保护地普遍开展过科普活动（80%），如宣教馆或博物馆内的介绍、科普讲座等；其次是自然观察（67%），如观鸟、辨认植物等。59% 的受访保护地开展过以上两种活动（图 4-4）。

调查中有 8% 的受访保护地尚未开展过自然教育活动，但考虑样本类型可能存在偏差（开展过的机构更愿意填写），反映出在全国水平上可能会低估尚未开展过自然教育的保护地比例（图 4-4）。

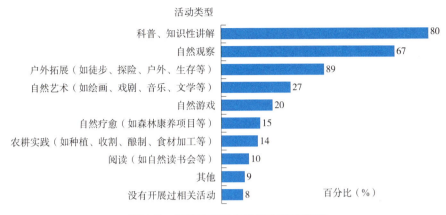

图 4-4 保护地开展自然教育活动类型

(三) 活动频次

以过去一年的活动次数为主要参考，50%的受访保护地一年中开展自然教育的频次在1~5次，14%的受访保护地开展10次以上，也有约25%的受访保护地去年没有开展相关活动（图4-5）。

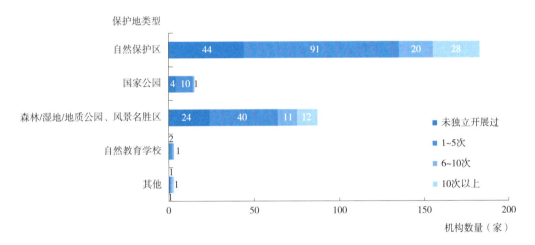

图 4-5 保护地过去一年开展自然教育活动频次

(四) 开放比例

保护地通常只有部分区域允许开展自然教育活动，如自然保护区的实验区。约42%的受访保护地开放面积比例在10%以下，28%的受访保护地开放面积比例在10%~30%，8%的受访保护地开放了一半以上的区域开展自然教育活动（图4-6、图4-7）。

从保护地类型来看，自然保护区开放程度更低，75%的受访保护区允许开展自然教育活动的面积比例小于1/3，但也有4%的受访保护区开放了1/2以上的面积。相较来说，森林/湿地/地质公园、风景名胜区开放的比例更高，有16%的受访森林/湿地/地质公园、风景名胜区开放了1/2以上的面积（图4-6、图4-7）。

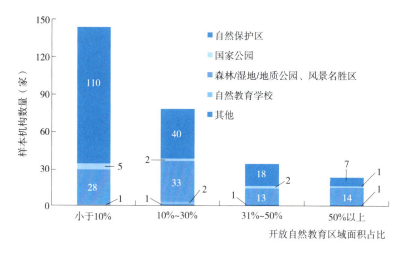

图4-6 保护地开放自然教育区域占比（数量）

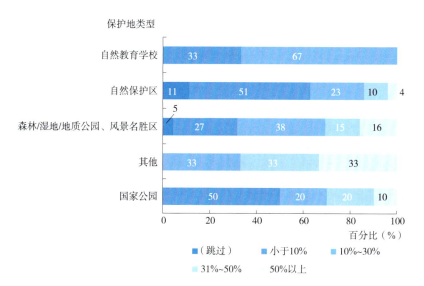

图4-7 保护地开放自然教育区域占比（百分比）

（五）自然教育对象与承载人次

受访保护地自然教育的主要受众是学生群体和周边社区居民，小学生是学生群体中参与保护地自然教育活动的主体。结合访谈和实地调研的结果，自然保护区会更侧重在周边社区和小学中开展科教宣传工作，如发放宣传材料、举办科普讲座等，以加强周边社区的生态保护意识，提高社区对保护地保护的参与度。大学生则多以社会实践、课程实习、志愿服务等形式参与到保护地自然教育中。亲子家庭或企业团体的参与更多是在自然教育机构与保护地的合作下开展，在这类活动中保护地则主要作为场地提供者（图4-8）。

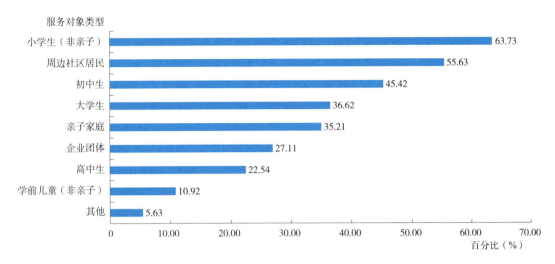

图4-8　参与自然教育活动的主要人群

目前，受访保护地一年内服务的人数规模多在1000人次以内（70.25%）；也有少数受访保护地达到了1万人次以上，如一些知名度较高的国家级保护区（大丰麋鹿、湛江红树林、查干湖等）以及风景区名胜区（黄山、嵩山）等（图4-9）。

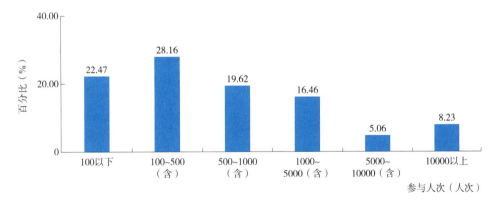

图4-9　过去一年的参与人次

三、保护地开展自然教育的条件和物质基础

（一）设施与服务现状

在硬件设施上，受访保护地拥有可以开展自然教育的条件中，宣教场馆、导览路线、公共服务设施的占比最高，75%的受访保护地能够配备至少2项硬件设施。63%以上的

受访保护地已经建立了相关的自然教育场馆,如博物馆、宣教馆等,61.34%有宣教场所的受访保护地中配套设计了导览路线(图3-10)。

在软件上,65%以上的受访保护地能够提供解说服务或自然教育课程、自然体验引导。商业类型的服务相对要少一些,有商品出售的受访保护地占比不到1/4(图4-10、图4-11)。

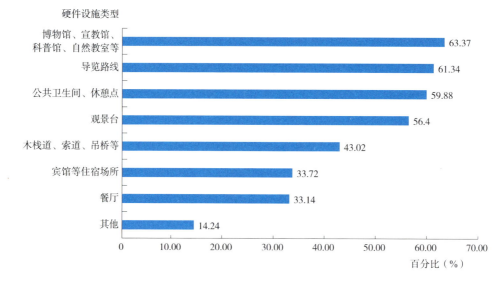

图 4-10　硬件设施类型

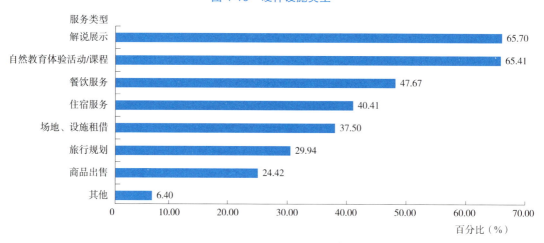

图 4-11　能够提供的服务类型

从保护地类型上来看,受访的森林/湿地/地质公园、风景名胜区在硬件设施和服务类型上都更多元化一些,也包含了更多商业化的服务。受访的国家公园的硬件设施也相对完善,平均有4项以上的硬件设施;31%的受访自然保护区内只有一项硬件设施或没有相关设施(图4-12)。

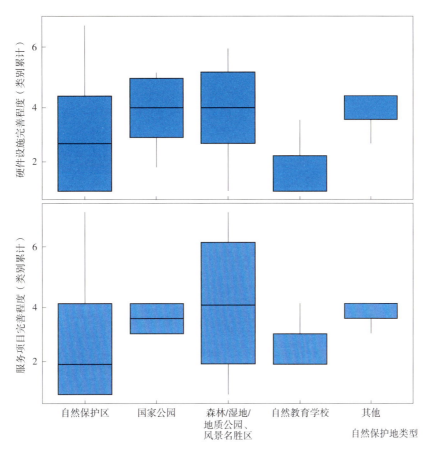

图 4-12　不同机构类型的硬件设施与服务项目完善程度

(二) 经费与投入情况

近 5 年总经费可以反映保护地总的经费保障力度，也间接地反映政府支持力度、管理和运营状况等，是可能影响保护地单位自然教育投入和发展能力的潜在因素。不同受访保护地之间的经费水平差异较大，从几十万元到上亿元不等，但大多在 5 千万元以下（年均 1 千万元以内）。通过平均值来看，受访的森林/湿地/地质公园、风景名胜区的平均经费水平更高，其中可能也包括了部分旅游收入或发展经费，存在 5 年经费水平超过几十亿元的极高值。受访自然保护区的经费水平次之，且受行政级别影响明显，处级（通常为国家级自然保护区）单位的可用经费水平要远高于更低级别的保护区。

受访保护地用在自然教育上的经费有限，半数以上（56%）的受访保护地在自然教育中的投入规模小于 10 万元或无投入，14% 投入在 11 万~20 万元，17% 的受访保护地投入了 30 万元以上。按照最低和最高投入值来分别推算，自然教育投入占受访保护区总经费的比例平均在 7% 以上，且通常少于 30%（表 4-2、图 4-13 至图 4-15）。

表 4-2　不同类型保护地近 5 年平均经费水平　　　　　　　　　　　　　单位：万元

保护地类型	处级	科级	股级	无	总体平均值
自然保护区	4917.25	868.48	428.57	827.71	3697.79
国家公园	1133.33	—	—	2400.00	1314.29
森林/湿地/地质公园、风景名胜区	38909.87	3753.44	3500.00	51770.00	22441.08
自然教育学校	—	—	—	243.33	243.33
其他	—	—	800.00	150.00	366.67
总体平均值	11526.66	2575.08	811.11	17757.27	9477.47

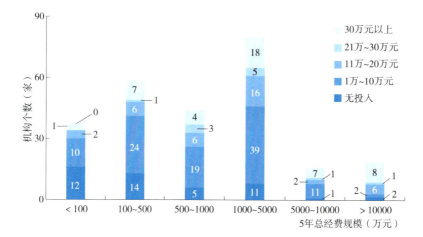

图 4-13　保护地 5 年总的经费规模（数量）

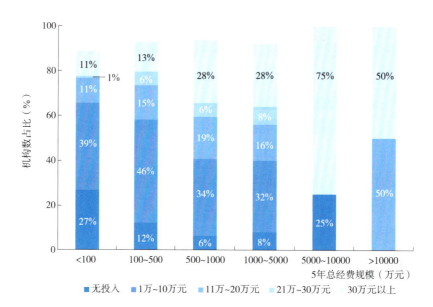

图 4-14　保护地 5 年总的经费规模（百分比）

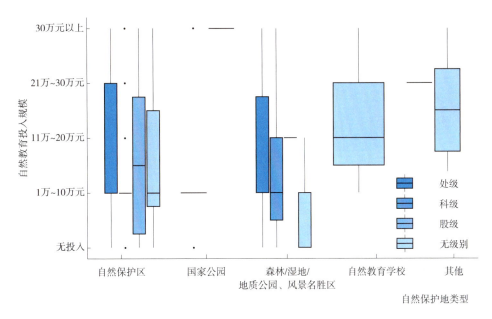

图 4-15 保护地自然教育经费投入水平

总经费水平较高的受访保护地年投入 30 万元以上的也相对多一些，行政级别较高（处级）的受访保护地对自然教育投入的也相对高一些（表 4-2、图 4-13 至图 4-15）。

而收入方面，通过访谈了解到，自然保护区开展自然教育并非出于营利目的，除伙食成本外，多无其他形式的现金收入；自然教育学校的年均收入水平多在 30 万元以下；森林/湿地/地质公园、风景名胜区则未做此调查。

（三）人员配置及能力建设的现状与需求

在管理架构上，36% 的受访保护地由宣教科承担自然教育职能，41% 则没有特定的科室负责，7% 成立了专门的自然教育科，其余受访保护地则将自然教育归属在其他科室下，如自然保护区的保护科、科技科、办公室、项目办或保护站等，也有少部分自然公园和景区将自然教育项目放在旅游、招商相关的科室下，从侧面说明目前保护地的自然教育的管理架构还不明晰（图 4-16）。

相应地，在受访保护地单位人员配备上，有 58% 的受访保护地具有负责自然教育的专职人员，且员工人数多在 1~5 名。专门成立了自然教育科室的受访保护地都配有专职人员服务于自然教育项目，由宣教科管理自然教育项目的配有专职人员的比例也更高。受访自然保护区配有专职员工的比例（59%）较森林/湿地/地质公园、风景名胜区更高（47%）（图 4-17）。在访谈和开放性问题回答中，受访保护区也表达了编制少可能是不足以配备更多专职员工的原因之一。

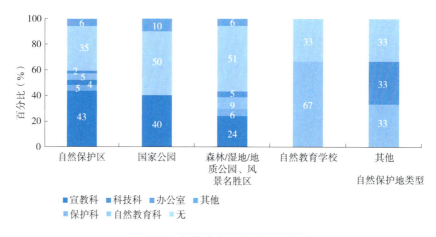

图 4-16　保护地自然教育职能归属

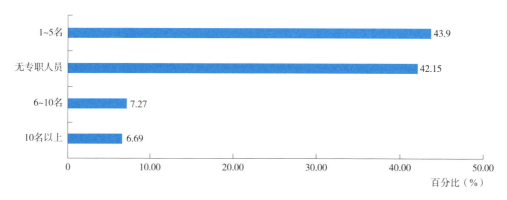

图 4-17　保护地自然教育专职员工数量

在自然教育相关的能力培养上，23%的受访自然保护区没有对员工进行过相关培训；这一比例在森林/湿地/地质公园、风景名胜区中更高，为38%；而参与调研的国家公园试点区都已为员工安排过相关的能力培训。在培养方式上，受访保护地会结合多种形式来开展，其中最常见的是派员工出访交流，其次是聘请相关专家进行内部培训。也有些受访保护地会采取专业的培养方式，让相关员工学习专业课程或取得学位，多为国家级自然保护区（图4-18）。

从以上几点也反映出自然保护区在自然教育的重视程度和培养力度上相较森林/湿地/地质公园、风景名胜区要更高一些。

在能力需求上，受访保护地可以选择1~3项在当前自然教育活动中最需要提高的能力，77.91%的受访保护地都选择了活动组织能力，其次是解说能力（71.80%）和课程设计能力（64.53%），未来保护地员工自然教育能力的培训课程可以更加针对这三个方面来开设（图4-19）。

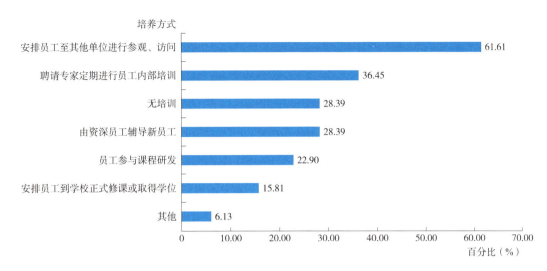

图 4-18　保护地对员工的相关能力培养方式

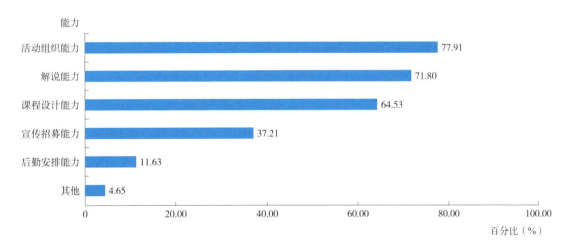

图 4-19　保护地在自然教育上最需要的能力

（四）合作现状与需求

在开展过自然教育的受访保护地中，受访保护地多数与外部机构合作开展自然教育，有时也独立开展自然教育，14.84% 的受访保护地没有合作机构。受访保护地会选择多种合作伙伴，在合作的机构属性上以事业单位、政府部门为主。64.52% 的受访保护地都曾与此类机构合作，比如高校、研究所、教育局、林业局、中小学等。其中，与高校的合作更为常见，如以保护地作为实践或野外实习基地。其次，与受访保护地合作较频繁的是公益机构/非政府组织，如公益基金会、自然学校、志愿者协会等。而商业性质的合作机构以旅游公司居多（图 4-20）。

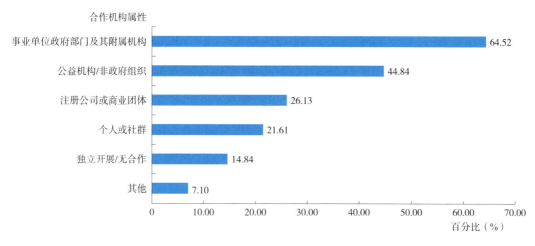

图 4-20　保护地合作机构属性

在对合作伙伴的选择上，受访保护地可以选择 1~3 个最希望合作的机构类型，由此反映出保护地更看重的合作关系。近 90% 的受访保护地都希望能够与正规的自然教育机构合作，反映出受访保护地对专业性的优先考虑。其次，有影响力的媒体也是受访保护地愿意合作的对象，反映出受访保护地对宣传力度的关注。在学生群体中，和大学的合作更受受访保护地的欢迎（30.32%）。另有 20.65% 的受访保护地希望与当地社区合作（图 4-21）。

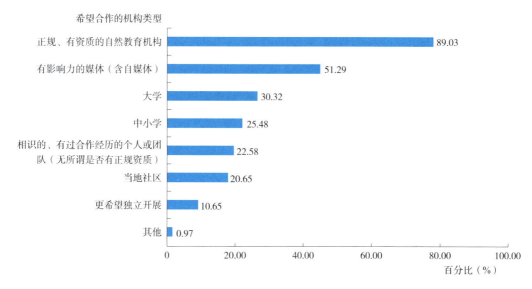

图 4-21　保护地希望合作的机构

四、保护地开展自然教育的困难与需求

受访保护地自愿反映自然教育所遇到的困难时，主要的问题聚焦在经费和人才两个

方面：经费上主要是专项经费不足以及相关的硬件设施缺乏；人才方面包括人手不充足以及员工的专业知识不足、领导相关意识不强等。此外，还有的受访保护地反映政策方面存在冲突，使得保护地自然学校实体化运行困难；缺乏相关奖励机制；顶层设计尚未到位（没有可参照的规划）等。科级单位多由地方财政拨款，相较处级单位更多地反映了经费不足的问题（图 4-22）。

图 4-22　保护地开展自然教育困难词频热点统计

相应地，在保护地的发展需求上，相关经费被列为首要的需求（78.78%），其次是内部人才的培养（57.56%），以及专业的产品和活动设计（48.84%）（图 4-23）。

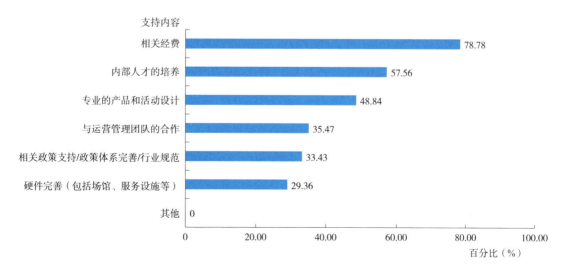

图 4-23　保护地开展自然教育最需要的支持

五、保护地开展自然教育的未来计划

在未来 1~3 年的计划中，65% 的受访保护地首要的目标是完善相关的基础建设（65.12%），其次是提高员工的相关能力（61.63%）和加强机构合作交流（50.29%）。也有 15.99% 的受访保护地短期内并没有相关的发展计划（图 4-24）。

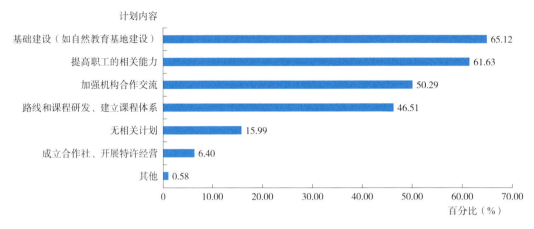

图 4-24 保护地未来 1~3 年相关计划

保护地的总体规划（简称"总规"）能够反映保护地未来几年内的发展方向与目标、管理与建设思路、计划、投资方向等，保护地会较严格地遵照总规来执行有关的发展、建设活动。自然教育相关内容在总规中有无体现可反映保护地的重视程度、发展方向与执行力度等方面。在受访的保护地中，有 61% 的受访保护地在其总规中制定了发展自然教育的相关计划，而 39% 的受访保护地在当前的总规中没有体现自然教育的内容。

国家公园的自然教育发展计划主要包括建立课程体系与职工能力培养，其次是加强合作交流和相关硬件设施建设，有 80% 的受访国家公园将此类计划制定在了国家公园总体规划中。也有 63% 的受访自然保护区将自然教育写入了总规。受访的森林/湿地/地质公园、风景名胜区的该项比例为 58%。

六、保护地相关知识储备

生物多样性本底与监测可以为保护地开发自然教育课程提供重要的知识基础。88% 的受访保护地都已积累了生物多样性本底信息，至少开展过 1 次综合科考，18% 开展过 3 次以上的综合科考。受访自然保护区的综合科考次数多在 1~3 次，仅有 5% 的受访保护区目前还缺乏生物多样性的本底信息，而受访的森林/湿地/地质公园、风景名胜区有 23% 仍缺乏本底信息（图 4-25）。

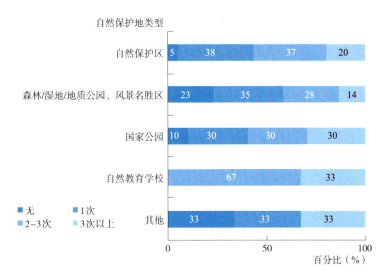

图 4-25　保护地生物多样性本底名录更新次数

在长期监测上，有 88% 的受访保护地至少开展了 1 项长期监测，其中 73.31% 的受访保护地都已有植物监测，约半数开展了鸟类（55.31%）和兽类（48.55%）监测（图 4-26）。受访的自然保护区（特别是国家级保护区）和国家公园在监测上更加完善，覆盖的类别（包括物种门类和环境因素）要更全面。受访的国家公园的监测项目平均在 5 项左右，受访的自然保护区（包括所有级别）平均在 4 项，受访的自然公园或风景区平均有 3 项，其中没有任何监测的比例（16%）相较受访的自然保护区（7%）要高一些。

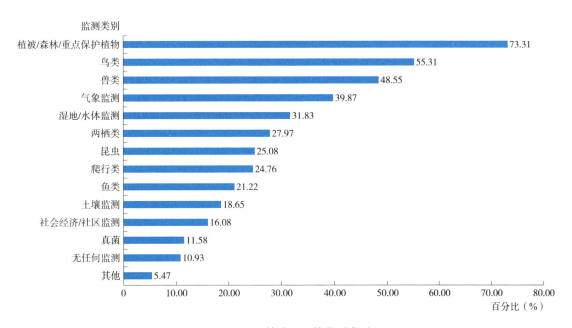

图 4-26　保护地开展的监测类别

在覆盖度上，受访的保护地的监测平均能够覆盖 50% 的区域面积，70% 以上的受访保护地至少覆盖了 20%。在监测积累上，半数受访保护地的监测数据积累小于 3 年（其中也有 22.83% 完全无监测数据积累）（图 4-27）。

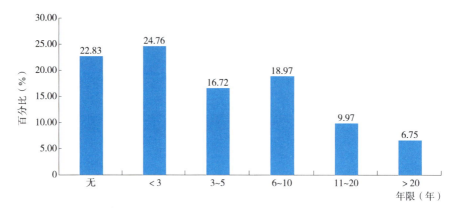

图 4-27　保护地监测数据积累年限

第五章
总结及建议

第一节 总 结

（1）具有公益性的自然教育在我国是一个新兴的行业。从业者具有年轻、对大自然充满热爱和保护自然的价值观等特点，在收入不高的情况下仍保持了对行业的忠诚度。而同时从业者能力的培养与提升也是当务之急。行业目前存在的主要问题是人才缺乏、资金/盈利不足，需要政策的扶持。行业内的合作和网络也很重要。

（2）一线城市和二线城市的公众对自然教育的认知度和参与意愿都达到了一个较高的水平。相较于55%的自然教育机构的平均活动收费低于每人每天200元，有2/3的受访者愿意在自然教育活动上花费每人每天100~300元。机构在提升课程服务质量的同时，可以适当提高定价，而从业者的专业素养和课程内容是公众选择自然教育活动的首要考虑。

（3）参与自然教育活动多的受访者对自然的认知和保护的态度明显高于参与少的受访者，这表明自然教育对公众意识的影响较大。

（4）开展高质量自然教育活动的自然保护地是少数。大部分保护地具备一定的硬件和软件设施开展活动，能力和资金的欠缺是瓶颈。应推动保护地与自然教育机构的合作。

第二节 建 议

1. 提升自然教育内涵，界定自然教育概念，建立自然教育规范

（1）自然教育不仅仅是传授自然知识、培养人们对自然的兴趣，应该更加深入，更加关注建立人与自然的联结、人的身心健康发展和培养人们保护自然的意识，更以价值观为导向。有关政府部门、学校、自然教育机构应该更深入地思考自然教育的内涵和意义。自然教育课程或活动，除了提供在自然中的体验，还应该有意识地影响和培养自然教育参与者与自然有关的价值观和行为习惯。

（2）自然教育的定义和范畴需要明确界定。公众可能不完全理解什么是自然教育、什么不是自然教育，因此，自然教育的明确界定（包括自然教育有哪些活动类型、不同类型的自然教育能够对参与者产生什么样的影响）有助于公众理解自然教育，并且根据自己的需要做出适当的选择。

（3）自然教育行业的规范化急需提上日程。加强《自然教育行业自律公约》的推广和交流，提高从业人员和公众的认识，有助于自然教育的规范化，也将使公众对从业人员的素养更有信心。这是公众在选择从业者服务时最看中的因素之一。

（4）通过制定行业标准和推进相关立法使自然教育行业规范化。这有助于将自然教育更好地定位为一种专业的工作，并使整个行业标准清晰一致。一些受访者认为立法可以提高公众对自然教育的认识，为该行业的可持续发展创造更多可能性和机会。

2. 建立自然教育专业人才培养机制，为自然教育机构吸引人才、留住人才和人才成长提供支持

（1）工作满意度和人才留存率是该行业面临的主要挑战。虽然收入水平是工作满意度的关键驱动因素之一，但大多数自然教育机构，特别是处于创业阶段的小机构和新机构，当前很难提高工资福利水平。因此，提供技能培训和职业发展机会是各机构为提高工作满意度和留住该领域人才而需采取的重要行动。

（2）建立正规教育和非正规教育互相补充的专业人才培养体系。自然教育是一个新兴的行业，有着重要的社会意义和广阔的市场前景，但是目前专业的人才培养体系尚未建立起来。自然教育从业者的素质和经验存在参差不齐的状况。由于我国现有的高等教育体系尚未设置自然教育相关专业，很多从业者充满激情却面临知识和技能不足，也有缺乏系统学习渠道的问题。一方面，需要政府相关部门推动高校自然教育相关学科的建设；另一方面，也需要政府和社会资源投入，支持非正规教育中的人才培养项目。从业人员的资格评定可以通过认证程序标准化实现，这将有助于确保从业人员掌握所需的基本技能。

（3）更好地了解从业者的培训需求、薪资期望和职业发展的长期规划，提升机构竞争力，并尽可能地为员工提供有竞争力的薪资，有助于机构更好地吸引和留住人才。

（4）相关政府部门、资助方应推动、支持平台型/枢纽型自然教育机构的建立和发展，为各种类型的保护地、自然教育从业机构和从业者提供行业发展资讯、交流合作机会、资源对接、人才培养、咨询服务等专业支持。

（5）自然教育行业应该建立一套系统的人才培养、认证体系，推动自然教育工作专业化和职业化发展，并且鼓励人才的晋升、流动，增强职业的归属感和自豪感。

3. 加强政府相关部门间及社会组织间的交流与合作，推动自然教育相关政策、制度的制定与落实

（1）加强相关政府部门间及社会组织间的交流与合作，探讨、推动自然教育正规化的政策和实践途径。

当前已有一些政府部门发布了有利于自然教育行业发展的政策、措施，例如，2018年，深圳市城市管理局开始在自然公园、市政公园中推动自然教育中心的建设，与各种类型的社会公益组织合作，发挥各自优势，为市民和青少年提供丰富的自然教育项目；2019年4月1日，国家林业和草原局发布《关于充分发挥各类自然保护地社会功能，大力开展自然教育工作的通知》；2019年6月，广东省林业局成立自然教育工作领导小组，并推动自然教育相关的制度建设和经费支持。

教育部门、生态环境部门、立法机构等与自然教育行业的发展紧密相关，自然教育行业应该积极推动与这些相关部门的联系与合作，探索相关立法的制定和出台，以及如何将自然教育工作纳入正规教育体系，制定与行业良性发展至关重要的政策等。

（2）自然教育机构应该更加主动地与有关部门取得联系以开展具体工作，包括但不限于行政主管部门、教育主管部门、保护地管理部门、公园管理部门以及旅游管理部门等，共同策划实施自然教育相关活动，加强互信，实现资源优势互补，携手提升自然教育在公众中的接受程度。

（3）缺乏资金是很多自然教育机构面临的一大挑战。可以探索政府为自然教育机构提供一定的资金支持，支持自然教育行业的专业化发展。鉴于资金往往更容易流向有成功案例的成熟机构，而初创机构尤其需要得到资金支持，自然教育行业也可以积极争取国家金融行业的支持，争取他们的低息或无息贷款来进行创业发展。

4. 加强全国和区域性自然教育行业网络建设

（1）许多受访的自然教育从业者和机构代表支持继续加强自然教育综合平台的发展，推动行业伙伴间的交流、资源共享和跨界合作。这不仅与自然教育项目和课程开发相关，

还涉及机构的运营和管理。自然教育行业可以更好地利用从业人员多元化的技能和教育背景，通过平台知识共享让这些人才资源更好地推动行业发展。

（2）未来可以考虑在面向自然教育从业者的调研中，评估全国自然教育综合平台及区域性平台等行业平台的表现和他们的期望，以明确为了行业更好地发展，最需要满足的需求是什么，行业发展面临什么样的机遇，以及不同网络和平台的表现如何。

（3）充分发挥自然教育区域平台的在地优势，与更多的自然教育机构保持密切联系，掌握行业发展动态。通过沙龙、联合活动、会议等方式加强区域网络的内部建设，探索区域网络可持续发展之路。

（4）进一步研究、分享国际和国内的案例和优秀实践，调动各区域网络根据当地情况有针对性地开展学习，从而促进整个行业的良性发展。

5. 加强自然教育评估和成效研究，推动自然教育市场发展

（1）自然教育机构和从业者在对公众进行传播和交流时应该着重考虑：自然教育的目标是什么？自然教育如何让参与者受益？一方面，生活在城市中的受访者强烈意识到，与自然和谐相处、通过健康和可持续的活动改善身心健康、享受自然、参与自然保护行动对他们是有吸引力的。这些应该是自然教育机构向潜在客户传递的重要信息。然而，目前大部分公众还没有把有益于身心健康和发展社交及实用技能作为参与自然教育活动的重要考量，这些信息很重要，但并未传达给公众。另一方面，有效的传播需要数据和案例的支撑。自然教育评估和成效研究是目前自然教育发展中的一个短板。自然教育机构和从业者应该有意识地在活动设计中加入评估环节，并在教育活动中收集相关数据和案例。致力于推动自然教育行业发展的相关政府部门、资助方和平台型机构应该重视自然教育评估和成效研究，积极与高等院校、科研单位合作，共同推动相关工作的开展。

（2）自然教育机构需要进行受众分析，制定相应的定价策略。虽然一线城市和二线城市的公众可能比其他地区的公众更富裕，但活动收费依旧是阻碍公众广泛参与自然教育活动的一个制约因素。自然教育机构应该考虑根据不同的受众制定不同的定价策略。由于目前自然教育在社会上处于推广普及阶段，鼓励更多自然教育机构开展公益型自然教育活动，扩大受众面，增加合作伙伴，树立良好的口碑，循序渐进地发展。

（3）市场拓展能力不足是目前大多数自然教育机构的挑战，而很多参与调研的机构反馈原因是缺乏具有商业和营销技能的员工。较大的机构可以考虑招聘营销人员或发展工作人员的营销技能；行业平台则有助于促进知识共享，并建立与自然教育机构的联系，更好

地交流其产品和服务。

6. 支持和发展以自然保护地为载体的多样化的自然教育活动

（1）国家公园、自然保护区和自然公园等不同类型的自然保护地的主体功能和服务对象有所不同，其自然教育开展的形式、建设重点和所占比重也要因地制宜，同时，也应该为自然教育机构在这些场所中的活动开展，提供便利和支持。

①自然公园：建议将自然教育的主要场所定位在自然公园（森林/湿地/地质公园、风景名胜区等）。从功能定位上来说，自然公园的游憩价值更大，可以承担更多的自然教育职责；从保护强度来说，自然公园允许游憩和导览行为，有别于自然保护区的严格保护地位；从条件上来说，自然公园的硬件设施与服务接待能力已经具有较好的基础，并且不少自然公园也有广泛的游客基础，其自然教育惠益的对象更多，对自然教育的开放程度更高。在其原有的游览渠道上，应注重引导公众对环境负责任的游憩行为，丰富公众对自然的了解和体验层次，提高科普讲解水平。

②国家公园：我国的国家公园也将自然教育提升为其主体功能之一，在一些国家公园的分区中也设计了可针对性开展自然教育的区域，为公众创造体验自然环境与各地文化的机会。建议在此基础上提升自然解说系统的设计，引导公众多层次的自然体验，激发环境保护意识。

③自然保护区：自然保护区以生态保护为第一要务，在保护管理和对干扰的控制上更加严格。自然保护区的优先工作应围绕其保护对象开展，自然教育虽是其职责之一，但现阶段并不一定是保护区的重中之重。相反，保护区应当合理评估其承载量，在可控的范围内再考虑开展以提高保护意识为目的的自然教育。保护区的自然教育应当优先围绕解决最直接的保护问题来开展（如针对周边社区的宣教与合作共管等）。其次，在认识到、解决好核心的保护冲突问题的基础上，再发挥保护区的游憩作用，开发多元化的自然教育活动。在与其他机构合作开展自然教育活动时，要有更明确的规则和筛选机制，尽量规避会给保护区带来风险的活动类型。

（2）保护地开展自然教育的专业保障：鼓励由专业的自然教育机构提供员工培训与专业课程设计，并拓宽员工能力培养的渠道和加大支持力度，借鉴国际经验，提高保护地自然教育专业水平和质量。

（3）保护地开展自然教育的制度保障：建议将自然教育正式作为各类自然保护地开展科普宣教的主要活动形式，充分发挥自然教育在提升公众的自然体验、加强公众与自然保护间联结的优势,根据保护地自身的生态和人文特色,开发特色课程,为公众提供生态服务产品。

(4)保护地开展自然教育的资金保障:相关政府部门应为自然保护地开展自然教育活动提供政策和资金支持。同时,还应该鼓励更多社会资金的投入,为保护地自然教育开展注入更多活力。

参考文献

陈南，吴婉滢，汤红梅，2018．中国自然教育发展历程之追索［J］．世界环境，174（5）：74-75．

陈阳．美国狼岭的学校课程［EB/OL］．［2019-09-24］．https://mp.weixin.qq.com/s?src=11&timestamp=1583133087&ver=2191&signature=7ubuGPmJkFS9jY9SJGAOnfOoDlDMMwJ*Gb-ArtwXlyHBzNfQg7DajBkEj9QHMKoNulDtD7WPcbPTLbPqjUv*GC6UUocZUAUEORpEj8-5Mp0CbnxsqQtBmaooj7eEZgtO&new=1．

崔建霞，2009．我国环境教育研究的宏观透视［J］．北京理工大学学报：社会科学版，11（1）：91-93．

丁枚，2003．教育部颁布《中小学环境教育实施指南》［J］．环境教育（6）：5-6．

胡卉哲，2014．自然教育，先做再说［J］．中国发展简报（1）：28-33．

黄宇，2003．中国环境教育的发展与方向［J］．环境教育（2）：8-16．

李鑫，虞依娜，2017．国内外自然教育实践研究［J］．林业经济（39）：18．

刘杨．自然教育在德国｜弗莱堡市兼巴登州案例［EB/OL］．［2018-03-14］．https://mp.weixin.qq.com/s?src=11&timestamp=1583134318&ver=2191&signature=VfSH0txly1rU3mUbYnHSFXnAj66kxIysaVEMA4CJI26rEy0r*Fp8*sHO6ydSoCzwMs*rug12xstlExqjNX0E5LyNMZCgVw**w5EAh-fOxdWm03vbMXOvkF6cbbABZif9&new=1．

孟庆国，魏志勇，2003．制定环境教育政策的必要性及中国环境教育政策的基本体系研究［J］．内蒙古师范大学学报：教育科学版（5）：21-23．

邱琳，2009．庄子与卢梭自然教育思想之比较［J］．教育探索（6）：139-141．

任晴．自然教育在美国｜构建人与自然的未来［EB/OL］．［2019-03-29］．https://mp.weixin.qq.com/s?src=11&timestamp=1583134505&ver=2191&signature=VfSH0txly1rU3mUbYnHSFXnAj66kxIysaVEMA4CJI27S08BB946GizmjK54xPqZDj1HU*nEv5QaT8nERnRVQxLTPn

0w5y2a7fLjoOxYK55wWdIqB2U*YPG9x*VkXYIrr&new=1.

田友谊，李婧玮，2016．中国环境教育四十年：历程、困境与对策［J］．江汉学术，35（6）：85-91．

邬小红．世界环境日，我们来谈谈环境教育的来路与去向［EB/OL］．［2018-06-05］．https://mp.weixin.qq.com/s/3HqUOYMslnpFp3cEhIFwxQ．

吴国盛，2010．博物学教育：回归自然、重塑人性［J］．绿叶（7）：73-78．

闫淑君，曹辉，2018．城市公园的自然教育功能及其实现途径［J］．中国园林，269（5）：54-57．

张安梅，2010．美国《不让一个孩子留在室内》法案述评［C］//中国教育学会比较教育分会第15届学术年会暨庆祝王承绪教授百岁华诞国际学术研讨会．中国教育学会，浙江大学．

中国环境科学学会，2008．中国环境科学学会史［M］．上海：上海交通大学出版社．

朱惠雯．日本自然教育行业发展现状及趋势［EB/OL］．［2019-05-15］．https://mp.weixin.qq.com/s?src=11&timestamp=1583135253&ver=2191&signature=0JVRJFRaT3ftihCX9E-LM*Z85DGEiHSXvfYOVHkKL85z7NFJBXFpNTVTtC5UW1k6-zRtSg6JOaCxYFolawXtrOV7ueFHMU9L-RGWvPwpXUD-7vVGoRquh8ix0b7a0qDpj&new=1.

ROCH M C，WILKENING K E，HART P，2007．Global to local：international conferences and environmental education in the People's Republic of China［J］．International Research in Geographical and Environmental Education，16（1）：44-57．

TIAN Y Y，WANG C Y，2015．Environmental education in china：development，difficulties and recommendations［J］．Journal of Biological Chemistry，3（1）：31．

ZHU H X，DILLON J，1999．Environmental education in the People's Republic of China：features，factors and trends［J］．Australian Journal of Environmental Education，15（2）：37-43．

附录一：
自然教育从业者与自然教育机构调研问卷

感谢您参与 2019 年中国自然教育发展调研，您的如实分享对我们非常重要，并将会对中国自然教育行业的发展有巨大的帮助。

请仔细阅读以下指示。

本次调研将有两部分。

- 第一部分由自然教育行业的工作者作答，需时 6~10 分钟。
- 第二部分有关您所工作的机构。这部分应由机构负责人或自然教育项目负责人作答；若您非机构负责人或自然教育项目负责人，请在贵机构的负责人指导下作答。这部分需时 6~10 分钟。

本问卷所有数据仅用于研究，原始问卷将对外保密。此问卷将会自动储存您的回答记录。在关掉浏览器以后，您可以随时访问同一链接以继续此调查。请您按照贵机构的真实情况进行填写，非常感谢您的支持！

本次调研的部分结果将于 2019 年 11 月 1~3 日在武汉举办的"中国自然教育大会 第六届全国自然教育论坛"上发布，报告全文也将于全国自然教育网络的微信公众号和官网公开发布，供所有的自然教育伙伴参考。感谢您的大力支持与配合！

此外，我们还将在调研结束后从参与者中随机抽取 30 人，赠送每人一份精美图鉴手绢。如有兴趣参与此次礼品派发活动，请于问卷结尾填写您的姓名和联络电话；如获奖，将会有专人通知您领奖方法。

所有访谈都将按照世界舆论和市场研究专业人员协会（ESOMAR）国际规范执行，如需了解更多详细信息，请访问：ESOMAR 规范。您还可访问 GlobeScan 网站，查看隐私和 Cookie 政策：GlobeScan 隐私政策，还可查找数据保护官员的详细信息，了解如何行使您的数据权利。

用户筛选

DD1．您属于以下哪个年龄段？［单选题］

○ 01　18 岁以下　　结束问卷

○ 02　18~30 岁

○ 03　31~40 岁

○ 04　41~50 岁

○ 05　50 岁以上

S1．以下哪一项描述最符合您现在的身份？［单选题］

○ 01　我从未在自然教育领域工作过，而且我工作的机构没有与自然教育相关的部门或中心　　结束问卷

○ 02　自然教育机构从业人员（包括全 / 兼职、志愿者、实习生等）

○ 03　自然教育机构服务提供商（本机构有与自然教育相关的部门或中心，而且该部门是由全职的员工营运）（如场地提供、教材出版等）

○ 04　我过去曾在自然教育机构工作过，现在已经离开了这行业　　跳到 Q1

○ 05　自然教育自由职业者或正在寻找自然教育的工作　　跳到 Q1

S2．请选择您正在以哪个身份回答此调查。［单选题］

○ 01　个人身份：我是自然教育机构中的一位成员或工作者

○ 02　代表我所属的自然教育机构（例如，我是自然教育机构的机构负责人或自然教育项目负责人。请注意，您所属的机构应只参与一次调研。）

S3．以下哪一项描述最符合您现在的工作类型？［单选题］

○ 01　全职

○ 02　兼职

○ 03　志愿者 / 实习生

○ 04　其他

第一部分：自然教育从业者调研

1. 自然教育能力与经验

该部分中的每一个问题都必须回答。

Q1. 您在自然教育行业总计从业了多少年？［单选题］

- 01　少于 6 个月
- 02　6 个月至 1 年
- 03　1~3 年
- 04　3~5 年
- 05　5~10 年
- 06　10 年以上

Q2. 包括您当前服务的机构，您过去曾服务于或在多少个自然教育机构工作过？［单选题］

- 01　只有现在这一个
- 02　2 个
- 03　3 个
- 04　4 个或以上

Q3. 以下哪项描述最符合您在当前服务的机构中的工作领域？［多选题］

请选择所有适用的选项。

- 01　活动导师
- 02　培训
- 03　课程和活动设计
- 04　后勤
- 05　筹款
- 06　市场推广
- 07　采购
- 08　办公室行政
- 09　财务

☐ 10　机构管理
☐ 11　自然教育中心内的设施管理
☐ 12　调查研究
☐ 13　其他（请注明）_____

Q4. 您在自然教育中最擅长的方向是什么？［多选题］
请选择所有适用的选项。
☐ 01　自然体验的引导
☐ 02　户外拓展
☐ 03　自然科普／讲解
☐ 04　环保理念的传递和培育
☐ 05　社区营造
☐ 06　自然艺术
☐ 07　课程和活动设计
☐ 08　农耕体验和园艺
☐ 09　自然疗愈
☐ 10　自然教育人才培训
☐ 11　市场运营
☐ 12　财务和机构的管理
☐ 13　其他（请注明）_____

2. 自然教育认知

Q5. 您所接触过的自然教育课程／活动直接使参与者实现了以下哪些目标？
请选择 3 项。请输入 1 作为您的第一选择，2 作为您的第二选择，3 作为您的第三选择。
［　］01　进一步认识和感知自然
［　］02　在自然中认识自我
［　］03　学习与自然相关的科学知识
［　］04　学习衍生技能（如园艺种植、户外生存等）
［　］05　培养有益个人长期发展的习惯（如专注力等）
［　］06　加强人与自然的联系，建立对大自然的热爱

[　　] 07　学习保护和改善环境的知识、价值观和态度

[　　] 08　在活动中产生有利于自然环境的行为

[　　] 09　创造有利于自然环境的长期行动

[　　] 10　加强社区联结，共同营造社区发展

Q6．根据您对您机构所举办的自然教育课程/活动的参与者的观察，参加者最喜欢自然教育的哪些方面？［多选题］

请最多选择 3 项。

□ 01　学习新事物

□ 02　与大自然相处

□ 03　参与有趣的活动/游戏/小实验

□ 04　阅读有关自然的资讯

□ 05　参与有引导的游览/旅行

□ 06　参与团队活动

□ 07　与其他参与者/同学们互动

□ 08　学习如何保护环境

□ 09　其他（请注明）_____

Q7．您认为您所在的区域（如华北区域、华南区域等）的自然教育正面临哪些挑战？［多选题］

请最多选择 3 项。

□ 01　可用来进行自然教育的场地不足

□ 02　很难盈利或盈利少

□ 03　缺乏人才

□ 04　公众兴趣不足（公众对其他活动比较有兴趣）

□ 05　社会认可不足（包括员工家人的支持）

□ 06　缺乏政策去推动行业发展

□ 07　缺乏行业规范

□ 08　其他（请注明）_____

□ 09　不知道

3. 自然教育从业动机

Q8. 您认为推动您从事自然教育行业的因素是什么？［多选题］

请选择所有适用的选项。

☐ 01　符合个人能力（如擅长指导、设计课程）
☐ 02　自然教育行业有良好职业发展机会
☐ 03　薪酬及福利好
☐ 04　所学专业与自然教育相关
☐ 05　朋友、家人推荐
☐ 06　拥有相关行业的经验（如幼儿教育、环保宣传及保护等）
☐ 07　热爱自然
☐ 08　喜欢从事教育和与孩子互动的工作
☐ 09　其他（请注明）_____
☐ 10　不清楚

Q9. 您过往是如何找到自然教育的工作的？［多选题］

请选择所有适用的选项。

☐ 01　求职网站
☐ 02　自然教育机构网站
☐ 03　其他人介绍
☐ 04　参加过自然教育机构的培训或活动
☐ 05　通过高校就业指导部门
☐ 06　其他（请注明）_____

Q10. 您所具备的自然教育相关专业能力主要来源于以下哪些方式？［多选题］

请选择所有适用的选项。

☐ 01　与自然教育相关的学术背景
☐ 02　线上平台（如行业新闻、线上课程等）
☐ 03　行业会议
☐ 04　由自然教育机构提供的培训
☐ 05　自然教育机构外的专业培训和交流

☐ 06　实践中锻炼总结

☐ 07　前辈传授指导

☐ 08　其他（请注明）_____

4. 工作满意度与职业规划

Q11. 您对现有的自然教育工作的整体满意度是？［单选题］

○ 01　非常不满意

○ 02　比较不满意

○ 03　一般

○ 04　比较满意

○ 05　非常满意

Q12. 请就您当前的工作，对下列各方面进行满意度的评分。［单选题］

描　述	01 非常不满意	02 比较不满意	03 一般	04 比较满意	05 非常满意	06 不知道
职业发展机会	○	○	○	○	○	○
匹配个人兴趣	○	○	○	○	○	○
匹配个人能力专长	○	○	○	○	○	○
创造社会价值	○	○	○	○	○	○
薪酬福利待遇	○	○	○	○	○	○
能力培养和建设	○	○	○	○	○	○
日常评估和整体绩效管理	○	○	○	○	○	○
工作环境（如地点、设施的质量等）	○	○	○	○	○	○
团队文化	○	○	○	○	○	○
工作与生活的平衡	○	○	○	○	○	○
行业的发展	○	○	○	○	○	○
领导的支持	○	○	○	○	○	○

Q13. 您有多大的可能性会把自然教育作为您的长期职业选择？［单选题］
○ 01　极不可能
○ 02　不太可能
○ 03　有可能
○ 04　极有可能
○ 05　不清楚 / 不肯定

Q14. 以下哪一项最符合您未来 1~3 年的工作计划？［单选题］
○ 01　保持现状
○ 02　在机构内转岗
○ 03　在机构内升职
○ 04　换同行机构
○ 05　在与自然教育相关的专业念书深造
○ 06　在新的领域（与自然教育无关）念书深造
○ 07　创办自己的自然教育机构
○ 08　离开自然教育领域，转入其他行业
○ 09　其他（请注明）_____
○ 10　不知道

Q15. 您有多大的可能性会向其他人推荐自然教育领域的工作？［单选题］
○ 01　极不可能
○ 02　不太可能
○ 03　有可能
○ 04　极有可能
○ 05　不清楚 / 不肯定

5. 关于《自然教育行业自律公约》

为推动中国自然教育行业的健康发展，全国自然教育网络于 2019 年 1 月发布了《自然教育行业自律公约》，并邀请自然教育行业机构和从业者联署。

Q16. 您是否知道并了解《自然教育行业自律公约》？［单选题］
- 01　知道并了解具体内容
- 02　知道但不了解具体内容
- 03　在此问卷前我不知道这份公约

如果 Q16 选择 01 或 02：

Q17. 您是否联署了《自然教育行业自律公约》？［单选题］
- 01　已经联署
- 02　没有联署

如果 Q17 选择 02：

Q18. 您为何还未签署这份公约？［多选题］

请选择所有适用的选项。
- 01　我还没有时间签署
- 02　我还不确定或不了解这份公约的内容
- 03　我不想签署
- 04　我对公约内容有疑问
- 05　我不关心，与我无关
- 06　其他（请注明）_____

个人信息

DD2. 您现在居住于中国哪个省、直辖市或自治区？［单选题］
- 01　北京
- 02　天津
- 03　河北
- 04　山西
- 05　内蒙古
- 06　辽宁
- 07　吉林
- 08　黑龙江

○ 09　上海
○ 10　江苏
○ 11　浙江
○ 12　安徽
○ 13　福建
○ 14　江西
○ 15　山东
○ 16　河南
○ 17　湖北
○ 18　湖南
○ 19　广东
○ 20　广西
○ 21　海南
○ 22　重庆
○ 23　四川
○ 24　贵州
○ 25　云南
○ 26　西藏
○ 27　陕西
○ 28　甘肃
○ 29　青海
○ 30　宁夏
○ 31　新疆

DD3．请问您的性别是？［单选题］

○ 01　男
○ 02　女
○ 03　其他

DD4．请问您的最高学历是？［单选题］

○ 01　高中及以下

○ 02　大专

○ 03　本科

○ 04　硕士及以上

○ DD5. 您的最高学历是以下哪一类？［单选题］

○ 01　教育

○ 02　心理学／社会学

○ 03　农学

○ 04　环境

○ 05　生物科学

○ 06　历史、地理

○ 07　中文、外语

○ 08　设计、艺术

○ 09　体育

○ 10　旅游

○ 11　管理学

○ 12　其他（请注明）_____

DD6. 请问您的月薪属于以下哪一个范围（税后收入，包括奖金、补贴等其他类型收入）？［单选题］

○ 01　没有薪水，我是义务参与自然教育工作的

○ 02　人民币 3000 元以下

○ 03　人民币 3000~5000 元

○ 04　人民币 5001~10000 元

○ 05　人民币 10001~20000 元

○ 06　人民币 20000 元以上

如果 S1 选择 01：

DD7. 以下哪一项最符合您的工作级别或岗位？［单选题］

○ 01　理事会成员或同等级别

○ 02 机构负责人或同等级别

○ 03 项目负责人或同等级别

○ 04 项目专员或同等级别

○ 05 项目助理或同等级别

○ 06 独立工作者

○ 07 其他（请注明）＿＿＿＿＿＿＿＿

第二部分：自然教育机构调研

问卷接下来的问题需由机构负责人代表贵机构作答，或在您的机构负责人的指导下作答。请注意：每个机构只可以填写此部分一次，并最好由一位代表作答。

Q19．您是否正代表您的自然教育机构回答此调查？［单选题］

○ 01 是

○ 02 否　跳到 Q48

1. 机构信息

Q20．请提供您所属机构的名称。［填空题］

＿＿＿＿＿＿＿＿＿＿＿＿＿＿＿＿＿＿＿＿

Q21．请问贵机构在哪年成立？［问答题］

＿＿＿＿＿＿＿＿＿＿＿＿＿＿＿＿＿＿＿＿

Q22．以下哪一项最符合贵自然教育机构的性质？［单选题］

○ 01 事业单位、政府部门及其他附属机构

○ 02 注册公司或商业团体

○ 03 公益机构

○ 04 个人（自由职业者）或社群

○ 05 其他（请注明）＿＿＿＿＿＿＿＿

Q23. 以下哪一项最符合贵机构的业务开展范围？［单选题］
- 01　本市/本地区
- 02　本省
- 03　本省及邻近省份
- 04　全国
- 05　全世界多个国家

Q24. 每年大约有多少人次参与贵机构所提供的自然教育活动（同一人参加2次活动为2人次）？［单选题］
- 01　少于500人次
- 02　501~1000人次
- 03　1001~5000人次
- 04　5001~10000人次
- 05　多于10000人次
- 06　不清楚

Q25. 贵机构曾在以下哪些场地开展过自然教育活动？［多选题］
请选择所有适用的选项。
- 01　自然保护区
- 02　市内公园
- 03　植物园
- 04　有机农庄
- 05　其他（请注明）_____

Q26. 以下哪项描述最符合贵机构的自然教育活动的场地？［单选题］
请选择一个选项。
- 01　自有场地
- 02　租用场地
- 03　自有场地和租用场地都有

Q27．在过去的一年中参加 2 次及以上的人占总人数（非人次）的比例是多少？［单选题］
- ○ 01　少于 20%
- ○ 02　20%~40%
- ○ 03　41%~60%
- ○ 04　多于 60%
- ○ 05　不清楚

2. 提供的服务

Q28．贵机构为团体类型的客户提供的服务有哪些？团体类型客户可包括政府、公司企业、同行、学校等。［多选题］

请选择所有适用的选项。
- □ 01　自然教育活动承接
- □ 02　自然教育能力培训
- □ 03　自然教育项目咨询（如项目设计、课程研发等）
- □ 04　自然教育场地的运营管理
- □ 05　提供场地租赁或基地建设
- □ 06　行业研究
- □ 07　行业网络建设
- □ 08　其他（请注明）_____
- □ 09　我的机构并不向团体客户提供服务

Q29．贵机构为公众提供的服务有哪些？［多选题］

请选择所有适用的选项。
- □ 01　自然教育体验活动 / 课程
- □ 02　餐饮服务
- □ 03　住宿服务
- □ 04　商品出售
- □ 05　旅行规划
- □ 06　解说展示
- □ 07　场地、设施租赁

☐ 08 其他（请注明）_____
☐ 09 我的机构并不向公众提供服务

Q30. 贵机构主要通过以下哪些方式进行自然教育？
请选择最主要的 3 项。
☐ 01 自然科普 / 讲解
☐ 02 自然艺术（如绘画、戏剧、音乐、文学等）
☐ 03 农耕体验和园艺（如种植、收割、酿制、食材加工等）
☐ 04 自然观察
☐ 05 阅读（如自然读书会等）
☐ 06 户外拓展（如徒步、探险、户外生存等）
☐ 07 自然游戏
☐ 08 自然疗愈
☐ 09 环保理念的传递和培育
☐ 10 其他（请注明）_____

Q31. 在过去 12 个月中，贵机构服务的主要人群是？
请选择最主要的 3 项。
☐ 01 学前儿童（非亲子）
☐ 02 小学生（非亲子）
☐ 03 初中生
☐ 04 高中生
☐ 05 大学生
☐ 06 亲子家庭
☐ 07 企业团体
☐ 08 一般公众
☐ 09 其他（请注明）_____

Q32. 贵机构所提供常规本地自然教育课程（非冬、夏令营）的人均费用是？［单选题］
○ 01 人民币 100 元以下 /（人・天）
○ 02 人民币 101~200 元 /（人・天）

○ 03   人民币 201~300 元／（人·天）

○ 04   人民币 301~500 元／（人·天）

○ 05   人民币 500 元以上／（人·天）

○ 06   免费

○ 07   本机构未提供过类似服务

Q33. 贵机构如何评估目前机构所开展的自然教育活动？［多选题］
请选择所有适用的选项。

☐ 01   对参与者进行满意度调查

☐ 02   对参与者进行活动前后测评

☐ 03   职员互相观察与互评

☐ 04   委托专业机构进行评估

☐ 05   社交媒体信息跟踪

☐ 06   其他（请注明）_____

☐ 07   尚未进行评估

Q34. 贵机构曾开展过以下哪些工作？［多选题］
请选择所有适用的选项。

☐ 01   外聘生态、教育、户外等领域的专家

☐ 02   自创教材

☐ 03   提供某主题的系统性自然教育系列课程（即非单次性的活动）

☐ 04   核心客户群体的社群运营

☐ 05   对自然教育市场进行相关调研

☐ 06   推动自然教育行业区域发展的相关事宜（如召集相同区域的同行就某一议题进行讨论）

☐ 07   以上皆无

☐ 08   不清楚

Q35. 贵机构在未来 1~3 年最重要的工作会是什么？［单选题］

○ 01   研发课程、建立课程体系

○ 02   提高团队在自然教育专业的商业能力

○ 03　市场开拓

○ 04　基础建设（如自然教育基地建设）

○ 05　提升机构的内部行政管理能力

○ 06　制定客户群体的维护策略并实施

○ 07　其他（请注明）＿＿＿＿＿＿＿＿＿＿

○ 08　不清楚

Q36．贵机构正面临哪些挑战？

请选择最多3项并进行排序。请输入1作为您的第一选择，2作为您的第二选择，3作为您的第三选择。

[　]　01　可用来进行自然教育的场地不足

[　]　02　缺乏经费

[　]　03　缺乏人才

[　]　04　缺乏公众兴趣（与其他活动在公众兴趣上有冲突）

[　]　05　社会认同不足（包括员工家人的支持）

[　]　06　缺乏政策去推动行业发展

[　]　07　缺乏行业规范

[　]　08　其他（请注明）＿＿＿＿＿＿＿＿＿＿

3. 自然教育机构能力培养

Q37．贵机构目前最希望得到投资者/资助者哪一种形式的支持？

请选择最多3项并进行排序。请输入1作为您的第一选择，2作为您的第二选择，3作为您的第三选择。

[　]　01　资金入股

[　]　02　无息贷款

[　]　03　限定性资金资助（如专业咨询、人员能力建设等）

[　]　04　非限定性资金资助（可根据机构的需求自行安排使用方向）

[　]　05　专业指导（如在运营管理上）

[　]　06　利用投资者/资助者现有资源，进行客户引入，平台推广

[　]　07　现有技术或产品支持等

[　]　08　其他（请注明）＿＿＿＿＿＿＿＿＿＿

Q38. 贵机构目前希望寻找哪些类型的合作伙伴？

请选择最多 2 项。

☐ 01　能够为开办自然教育课程提供所需要场地

☐ 02　帮助贵机构研发课程并提供专业培训的同行伙伴

☐ 03　担任开展异地自然教育活动时的对接伙伴

☐ 04　能够共同推动自然教育发展的有影响力的媒体（包括自媒体）

☐ 05　其他（请注明）_____

☐ 06　不寻求合作伙伴

Q39. 贵机构需要行业中的平台型网络（如华南自然教育网络等）发挥哪些作用？

请选择最多 3 项并进行排序。请输入 1 作为您的第一选择，2 作为您的第二选择，3 作为您的第三选择。

[　] 01　促进行业机构在自然教育专业技能方面的交流

[　] 02　促进行业机构在运营管理方面的交流

[　] 03　对行业共同关注的话题进行研究和探讨

[　] 04　促进自然教育行业基本准则的建立、执行和监督

[　] 05　推动自然教育行业立法等相关工作

[　] 06　其他（请注明）_____

Q40. 为帮助贵机构的发展，以下哪些方面的研究是最迫切需要的？

请选择最多 2 项。

☐ 01　自然教育项目评估方法方面的研究

☐ 02　自然教育对儿童发展的影响方面的研究

☐ 03　公众对自然教育的意识和态度方面的研究

☐ 04　自然教育行业政策方面的研究

☐ 05　其他（请注明）_____

4. 雇员与财政情况

Q41. 贵机构过去一年运营的总费用为？［单选题］

○ 01　人民币 30 万元以下

○ 02　人民币 30 万~50 万元

○ 03　人民币 51 万 ~100 万元

○ 04　人民币 101 万 ~500 万元

○ 05　人民币 501 万 ~1000 万元

○ 06　人民币 1000 万元以上

○ 07　不清楚

Q42．贵机构在过去一年的资金主要来源是？

请选择最多 3 项。

☐ 01　门票收入

☐ 02　餐饮服务收入

☐ 03　住宿服务收入

☐ 04　会员年费

☐ 05　课程方案收入

☐ 06　来自政府的专项经费

☐ 07　其他组织的辅助

☐ 08　公益捐款

☐ 09　其他（请注明）_____

☐ 10　不清楚／不适用

Q43．贵机构在过去一年的收益情况为？［单选题］

☐ 01　盈利 30% 以上

☐ 02　盈利 10%~30%

☐ 03　盈利少于 10%

☐ 04　盈亏平衡

☐ 05　亏损少于 10%

☐ 06　亏损 10% 以上

☐ 07　不适用于本机构

☐ 08　不清楚

Q44．贵机构的全职人员数量是多少？［问答题］

Q45. 贵机构的女性职员数量是多少？［问答题］

_____

Q46. 贵机构的非全职人员（包括志愿者、实习生、兼职等）数量是多少？［问答题］

_____

Q47. 贵机构会以哪些方式提升员工的专业技能？［多选题］
请选择所有适用的选项。
☐ 01　鼓励员工正式修课或取得学位
☐ 02　定期举办内部员工培训
☐ 03　鼓励员工参与外部举办的工作坊和研讨会
☐ 04　安排员工参观其他单位，进行访问
☐ 05　参与课程的研发
☐ 06　由资深员工辅导新员工
☐ 07　为员工提供进修资助
☐ 08　其他（请注明）_____
☐ 09　不清楚

开放性问题

Q48. 为了推动自然教育的良性发展，您是否还有其他建议或意见？［填空题］

_____

Q49. 如果您有兴趣参与此次抽奖活动，请注明您的姓名及联络电话。这是最后一题，即将提交问卷。［填空题］

　　姓　　名：_____
　　联络电话：_____

感谢您抽出宝贵的时间参加此调查。已记录您的回复。

附录二：
公众调研问卷

感谢您愿意参与 GlobeScan 的问卷调查。GlobeScan 是一家独立的全球研究咨询公司。

在回答问卷前，请仔细阅读每一道题。回答时请选择最能反映您看法的选项。答案没有对错，请如实回答每道问题。

请放心，您的答案将被严格保密，我们不会披露答题人的个人信息。

完成问卷需要约 10 分钟。

用户筛选

DD1. 您现在居住在哪个城市？［单选题］

- 01　北京　一线城市
- 02　上海　一线城市
- 03　广州　一线城市
- 04　成都　二线城市
- 05　厦门　二线城市
- 06　昆明　结束问卷
- 07　福州　结束问卷
- 08　西安　结束问卷
- 09　沈阳　结束问卷
- 10　天津　结束问卷
- 11　南宁　结束问卷
- 12　重庆　结束问卷

○ 13　南京　结束问卷

○ 14　济南　结束问卷

○ 15　深圳　一线城市

○ 16　杭州　二线城市

○ 17　哈尔滨　结束问卷

○ 18　武汉　二线城市

○ 19　其他　结束问卷

DD2. 请问您属于以下哪个年龄段？[单选题]

○ 01　18 岁以下　结束问卷

○ 02　18~30 岁

○ 03　31~40 岁

○ 04　41~50 岁

○ 05　50 岁以上

DD3. 请问您的性别是什么？[单选题]

○ 01　男

○ 02　女

DD4. 请问您的最高学历是什么？[单选题]

○ 01　高中及以下

○ 02　大专

○ 03　本科

○ 04　硕士及以上

从以下问题开始，您不会因为您选择的答案而被取消问卷资格。请仔细阅读问题，并如实回答。

DD5. 以下哪一项描述最符合您的婚姻状况？[单选题]

○ 01　单身，未婚

○ 02　已婚

○ 03　离异

○ 04　丧偶

○ 05　其他

○ 06　不愿透露

DD6. 您的家庭成员中有多少个 18 岁以下的孩子？［单选题］

○ 01　0 个

○ 02　1 个

○ 03　2 个

○ 04　3 个

○ 05　4 个或以上

如果 DD6 选择 02~05：

DD7. 您的孩子或孩子们现在处于哪个或哪些年龄段？［多选题］

请选择所有适用项。

☐ 01　未到上幼儿园的年龄

☐ 02　幼儿园／学前班

☐ 03　小学 1~3 年级

☐ 04　小学 4~6 年级

☐ 05　初中

☐ 06　高中

☐ 07　大学及以上

☐ 08　不便透露

DD8. 请问您的每月家庭收入是多少？［单选题］

○ 01　人民币 5000 元以下

○ 02　人民币 5000~9999 元

○ 03　人民币 10000~19999 元

○ 04　人民币 20000~49999 元

○ 05　人民币 50000~99999 元

○ 06　人民币 100000 元或以上
○ 07　不便透露

1. 自然态度与认知

Q1. 您在多大程度上认同以下的描述？

描 述	01 非常 不认同	02 有点 不认同	03 没有特别认 同或不认同	04 有点 认同	05 非常 认同
我认同与大自然和谐相处的理念并努力践行	○	○	○	○	○
我很享受身处在大自然当中	○	○	○	○	○
我会为我对大自然带来的负面影响而感到羞愧	○	○	○	○	○
我积极支持旨在解决环境问题的活动和/或行动	○	○	○	○	○
我愿意努力减少自己对环境和大自然带来的负面影响	○	○	○	○	○
我在尽最大的能力去保护环境和大自然	○	○	○	○	○
我致力于改善自己和家人的健康和环境	○	○	○	○	○
我的业余时间都会尽量花在大自然当中	○	○	○	○	○
我的业余时间都会尽量花在与家人或朋友相处	○	○	○	○	○
我时常感到紧张或焦虑	○	○	○	○	○
我喜欢做运动以此保持身心健康	○	○	○	○	○
身处大自然中让我感受到很多乐趣和享受	○	○	○	○	○
身处大自然中让我挑战自己和尝试新事物	○	○	○	○	○
业余时间，我总是为自己和家人优先安排户外活动	○	○	○	○	○

Q2. 您或您的孩子曾在过去 12 个月内参与过以下哪些活动？［多选题］
请选择所有适用的选项。

☐ 01　参观植物园
☐ 02　参观博物馆
☐ 03　参观动物园/动物救护中心
☐ 04　观察野外的动植物

☐ 05　大自然摄影

☐ 06　户外写生

☐ 07　种植 / 耕作

☐ 08　野餐

☐ 09　露营

☐ 10　徒步 / 攀岩

☐ 11　到海滩

☐ 12　户外体育运动（如跑步、骑自行车、球类活动等）

☐ 13　健身 / 瑜伽

☐ 14　手工活动

☐ 15　阅读（非教科书类）

☐ 16　玩电子游戏

☐ 17　玩乐器

☐ 18　参加音乐会 / 演唱会

☐ 19　以上皆无

Q3．花时间在自然当中对您来说有多重要？请从 0~10 打分，其中 0 代表「非常不重要」，10 代表「非常重要」。

───────────────────────────────

如果 DD6 选择 02~05：

Q4．让您的孩子花时间在自然当中对您来说有多重要？请用从 0~10 的刻度评分，其中 0 代表「非常不重要」，10 代表「非常重要」。

───────────────────────────────

Q5．您会如何评价自己对大自然的了解程度？［单选题］

○ 01　完全不了解

○ 02　有一点了解

○ 03　有些了解

○ 04　非常了解

Q6. 您和／或您的家人多久会参与一次在自然环境中的户外活动（如公园、郊野、森林、湿地等）？［单选题］

○ 01　多于每周 1 次

○ 02　每周 1 次

○ 03　每月 2~3 次

○ 04　每月 1 次

○ 05　少于每月 1 次但多于每年 1 次

○ 06　1 年 1 次

○ 07　少于 1 年 1 次

○ 08　从未

2. 自然教育认知与参与

本调研中所指的自然教育的定义是"在自然中实践的、倡导人与自然和谐关系的教育。它是有专门引导和设计的教育课程或活动，如保护地和公园自然解说／导览，自然笔记、自然观察、自然艺术等"。

Q7. 您会如何评价您对自然教育的了解程度？［单选题］

○ 01　完全不了解

○ 02　有一点了解

○ 03　有些了解

○ 04　非常了解

Q8. 您是否参与过任何自然教育的课程或活动？［单选题］

○ 01　参与过

○ 02　没参与过

○ 03　不确定

如果 DD6 选择 02~05：

Q9. 您的孩子是否参与过任何自然教育的课程或活动？［单选题］

○ 01　参与过

○ 02　没参与过

○ 03　不确定

如果 Q9 选择 01：

Q10. 您的孩子或孩子们是在哪个或哪些年龄段参加自然教育的课程或活动的？[多选题]

请选择所有适用的选项。

○ 01　未到上幼儿园的年龄

○ 02　幼儿园 / 学前班

○ 03　小学 1~3 年级

○ 04　小学 4~6 年级

○ 05　初中

○ 06　高中

○ 07　大学及以上

如果 Q8 或 Q9 选择 01：

Q11. 请您从下面的列表中，选择所有您认为参与自然教育活动能够帮助您或您的孩子发展或提高的领域。[多选题]

请选择所有适用的选项。

☐ 01　自信心

☐ 02　独立能力

☐ 03　友谊

☐ 04　领导才能

☐ 05　机智

☐ 06　对环境的关注

☐ 07　对大自然和保护大自然的兴趣

☐ 08　衍生技能（如园艺种植、户外拓展等）

☐ 09　解决问题的能力

☐ 10　身体发育 / 强身健体

☐ 11　感觉与大自然更融洽

☐ 12　同情心

☐ 13　对人和大自然的责任心

☐ 14　其他（请注明）_____

3. 参与自然教育项目的动机与阻力

Q12．在下面的列表中，您认为哪些原因最能推动您或您的孩子参与自然教育活动？

请选择 5 个选项并按重要性进行排序，其中 1 代表最重要的原因。

[　　]　01　学习与自然相关的科学知识

[　　]　02　在自然中认识自我

[　　]　03　学习衍生技能（如园艺种植、户外拓展等）

[　　]　04　养成有益个人长期发展的习惯（如培养专注力等）

[　　]　05　加强人与自然的联系，建立对自然的尊重、珍惜和热爱

[　　]　06　在活动中产生有利于自然环境的行为和长期行动的基础

[　　]　07　加强社区联结，共同营造社区发展

[　　]　08　在自然中放松、休闲和娱乐

[　　]　09　为孩子或自己提供与其他同龄人相处的机会

[　　]　10　培养对自然的好奇心和兴趣

[　　]　11　将自然教育作为学校教育的补充，或作为个人成长的渠道

[　　]　12　可以参加有刺激性、冒险性的活动

[　　]　13　为自己提供一个安全并且大家互相帮助的环境

[　　]　14　学习包容并支持鼓励多元化的群体

Q13．您认为您或您的孩子参加自然教育活动的主要阻力是什么？

请选择最多 3 个选项并按重要性进行排序，其中 1 代表最重要的选项。

[　　]　01　对活动的安全性有顾虑

[　　]　02　时间不够，工作太忙或孩子的学业太忙

[　　]　03　对大自然没兴趣

[　　]　04　活动价格太高

[　　]　05　活动的地点太远

[　　]　06　无法获取足够的有关自然教育活动的信息

[　　]　07　活动的质量不好或缺乏趣味性

[　　]　08　对本地自然教育组织及从业人员缺乏信心

[　　]　09　报名的程序困难

[   ] 10   自然教育活动不值得付钱

[   ] 11   不喜欢在大自然中的感觉

4. 自然教育项目满意度

如果 Q8 或 Q9 选择 01：

Q14. 对您或您的孩子参加过的自然教育活动或课程，您的总体满意程度如何？［单选题］

○ 01   非常不满意

○ 02   比较不满意

○ 03   一般

○ 04   比较满意

○ 05   非常满意

如果 Q8 或 Q9 选择 01：

Q15. 对您或者您的孩子参加过的自然教育活动或课程，您在以下各个方面的满意程度如何？［单选题，对每个方面］

方面	01 非常不满意	02 比较不满意	03 一般	04 比较满意	05 非常满意
课程效果（参与者的感受和收获）	○	○	○	○	○
带队老师的专业性	○	○	○	○	○
带队老师和参与者的互动	○	○	○	○	○
整个后勤服务及行政管理	○	○	○	○	○
以自然教育活动为载体，营造的良好社群氛围	○	○	○	○	○
客户的后期维护	○	○	○	○	○

如果 Q8 或 Q9 选择 01：

Q16. 您从以下哪些渠道了解到有关您或您的孩子参加的自然教育活动的信息？［多选题］

请选择所有适用的选项。

☐ 01   自然教育机构的网站

☐ 02　自然教育机构的自媒体（如自然教育机构的微博、微信公众号等）

☐ 03　自然教育机构在机构以外的媒体平台所发布的广告（如报纸、杂志、电视、网络广告等）

☐ 04　自然教育机构自身以外的社交媒体

☐ 05　媒体的新闻报道

☐ 06　政府网站

☐ 07　环境和社会倡导团体等公益组织

☐ 08　朋友和家人的介绍推荐

☐ 09　孩子的学校

☐ 10　某些活动或场地

☐ 11　其他（请注明）_____

☐ 12　不知道/不记得

5. 参与自然教育活动的偏好

Q17. 您或您的孩子对哪种类型的自然教育活动最感兴趣？

请选择最多 3 项并按感兴趣的程度进行排序，其中 1 代表最感兴趣的。

[　]01　大自然体验类（如在大自然中嬉戏，体验自然生活）

[　]02　农耕类（如生态农耕体验、自然农法工作坊等）

[　]03　博物、环保科普认知类（如了解动植物或环境等的相关科普知识）

[　]04　专题研习（如和科学家一同保护野生物种）

[　]05　户外探险类（如攀岩、探洞等）

[　]06　研学旅行（如了解当地的动植物、人文环境）

[　]07　工艺手作类（如艺术工作坊、创意手工等）

Q18. 您认为参加一项自然教育活动的合理价格是什么？ ［单选题］

A. 成人活动价格

如果 DD6 选择 02~05：

B. 儿童/学生活动价格（非夏令营和冬令营）

○ 01　人民币 100 元以下/（人·天）

○ 02　人民币 100~200 元／（人·天）

○ 03　人民币 201~300 元／（人·天）

○ 04　人民币 301~500 元／（人·天）

○ 05　人民币 500 元以上／（人·天）

○ 06　只参与免费活动

Q19. 当您为您或您的孩子选择自然教育活动时，您认为最重要的因素是什么？［单选题］

○ 01　组织活动的机构的声誉

○ 02　课程价格

○ 03　指导教练或领队老师的素质和专业性

○ 04　课程主题和内容设计

○ 05　是否对孩子成长有益

○ 06　其他（请注明）_____

Q20. 您认为您或您的孩子在未来 12 个月内参加自然教育活动的可能性有多大？［单选题］

○ 01　非常不可能

○ 02　比较不可能

○ 03　比较可能

○ 04　非常可能

○ 05　不清楚／不肯定

如果 Q20 选择 03 或 04：

Q21. 您认为您或您的孩子在未来 12 个月内参加自然教育活动的频次如何？［单选题］

○ 01　少于每季度 1 次

○ 02　每季度 1 次

○ 03　每两个月 1 次

○ 04　每月 1 次

○ 05　每月 2~3 次
○ 06　每周 1 次
○ 07　每周 1 次以上
○ 08　不知道

您已经回答了所有问题。感谢您的参与。

附录三:
保护地自然教育现状调研

尊敬的保护地工作者,您好!我国生态文明建设的进程中,自然保护地既是生态保护的主要载体,同时也承载着自然教育的重要功能,本问卷旨在了解保护地开展自然教育的现状与意愿需求等,以期共同推进行业发展。本问卷将自然教育的定义简化为"在自然中实践的、倡导人与自然和谐关系的教育",与发生在保护地内、面向公众的科普宣教活动(自然保护的宣传教育)相对应。

本研究是由中国林学会主持,北京大学和山水自然保护中心执行的"中国自然教育行业报告"中的子项目。问卷所有数据仅用于研究,原始问卷将对外保密,请您按照贵机构的真实情况进行填写。

一、基本信息

1. 保护地名称[填空题]

_____

2. 保护地所在省份(请填写)

_____

3. 保护地类型[单选题]
○ A. 自然保护区
○ B. 国家公园

○ C. 风景名胜区

○ D. 植物园

○ E. 保护小区 / 社区保护地

○ F. 其他（请注明）_____

4. 保护地行政级别［单选题］

○ A. 处级（正 / 负）

○ B. 科级（正 / 负）

○ C. 股级

○ D. 无

5. 近 5 年，保护地总的经费规模（万元）［填空题］

_____

二、自然教育开展现状

6. 贵保护地内开展过的自然教育项目 / 活动的类型有哪些？［多选题］

□ A. 科普、知识性讲解

□ B. 自然艺术（如绘画、戏剧、音乐、文学等）

□ C. 农耕实践（如种植、收割、酿制、食材加工等）

□ D. 自然观察

□ E. 阅读（如自然读书会等）

□ F. 户外拓展（如徒步、探险、户外生存等）

□ G. 自然游戏

□ H. 自然疗愈（如森林康养项目等）

□ I. 其他（清注明）_____

□ J. 没有开展过相关活动

7. 贵保护地最早开展自然教育的年份是在哪一年？

_____

8. 开放自然教育的区域占保护地面积的比例大约为多少？［单选题］

　　○ A. 小于 10%

　　○ B. 10%~30%

　　○ C. 31%~50%

　　○ D. 50% 以上

9. 自然教育项目由哪个科室具体负责？［单选题］

　　○ A. 宣教科

　　○ B. 专门成立的自然教育科

　　○ C. 无特定科室负责

　　○ D. 其他（请注明）_____

10. 过去一年中，保护地独立开展了多少次自然教育相关的活动和项目？［单选题］

　　○ A. 未独立开展过

　　○ B. 1~5 次

　　○ C. 6~10 次

　　○ D. 10 次以上

11. 过去一年中，保护地与其他机构合作开展了多少次自然教育相关的活动和项目？（包括仅提供场地）［单选题］

　　○ A. 未合作开展过

　　○ B. 1~5 次

　　○ C. 6~10 次

　　○ D. 10 次以上

12. 保护地中与自然教育（包含上题中提到的所有活动类型）相关的硬件设施有哪些？［多选题］

　　□ A. 博物馆、宣教馆、科普馆、自然教室等

　　□ B. 导览路线

　　□ C. 公共卫生间、休憩点

☐ D. 观景台

☐ E. 木栈道、索道、吊桥等

☐ F. 宾馆等住宿场所

☐ G. 餐厅

☐ H. 其他（请注明）_____

13. 保护地能够提供的服务有哪些？［多选题］

☐ A. 自然教育体验活动／课程

☐ B. 餐饮服务

☐ C. 住宿服务

☐ D. 商品出售

☐ E. 旅行规划

☐ F. 解说展示

☐ G. 场地、设施租借

☐ H. 其他（请注明）_____

14. 在过去一年中自然教育项目服务的主要人群是谁？［多选题］

最多 3 项。

☐ A. 学前儿童（非亲子）

☐ B. 小学生（非亲子）

☐ C. 初中生

☐ D. 高中生

☐ E. 大学生

☐ F. 亲子家庭

☐ G. 企业团体

☐ H. 周边社区居民

☐ I. 其他（请注明）_____

15. 过去一年中在保护地参与自然教育／体验的人次（同一人参加 2 次活动为 2 人次）为多少？［单选题］

- A.100 人次以下
- B.100~500（含）人次
- C.500~1000（含）人次
- D.1000~5000（含）人次
- E.5000~10000（含）人次
- F.10000 人次以上

16.保护地过去一年在自然教育中投入的经费规模是多少？［单选题］
- A. 无投入
- B. 1 万~10 万元
- C. 11 万~20 万元
- D. 21 万~30 万元
- E. 30 万元以上

三、职工能力建设

17.保护地内负责和落实自然教育的专职人员数量有多少？［单选题］
- A. 无专职人员
- B. 1~5 名
- C. 6~10 名
- D. 10 名以上

18.保护地对职工开展过哪些自然教育方面的能力培训？［多选题］
- A. 无培训
- B. 安排员工到学校正式修课或取得学位
- C. 聘请专家定期进行员工内部培训
- D. 安排员工至其他单位进行参观、访问
- E. 员工参与课程研发
- F. 由资深员工辅导新员工
- G. 其他（请注明）_____

19. 在自然教育方面，保护区职工最需要的能力培训有哪些？［多选题］
- ☐ A. 课程设计能力
- ☐ B. 活动组织能力
- ☐ C. 解说能力
- ☐ D. 后勤安排能力
- ☐ E. 宣传招募能力
- ☐ F. 其他（请注明）_____

四、合作与需求

20. 与保护地合作过自然教育的机构是什么类型（法律层面）？［多选题］
可在选项后填写具代表性的合作机构的名称。
- ☐ A. 事业单位、政府部门及其附属机构_____
- ☐ B. 注册公司或商业团体_____
- ☐ C. 公益机构／非政府组织_____
- ☐ D. 个人或社群
- ☐ E. 独立开展／无合作
- ☐ F. 其他（请注明）_____

21. 在自然教育方面，希望寻找哪些类型的合作伙伴？［多选题］
- ☐ A. 更希望独立开展
- ☐ B. 正规、有资质的自然教育机构
- ☐ C. 相识的、有过合作经历的个人或团队（无所谓是否有正规资质）
- ☐ D. 有影响力的媒体（含自媒体）
- ☐ E. 当地社区
- ☐ F. 中小学
- ☐ G. 大学
- ☐ H. 其他（请注明）_____

22. 目前保护地在开展自然教育上最需要哪些方面的支持？［多选题］
- ☐ A. 相关经费

☐ B. 专业的产品和活动设计

☐ C. 与运营管理团队的合作

☐ D. 内部人才的培养

☐ E. 相关政策支持 / 政策体系完善 / 行业规范

☐ F. 硬件完善（包括场馆、服务设施等）

☐ G. 其他（请注明）_____

23. 在未来 1~3 年内与自然教育有关的计划？ ［多选题］

☐ A. 无相关计划

☐ B. 路线和课程研发，建立课程体系

☐ C. 提高职工的相关能力

☐ D. 基础建设（如自然教育基地建设）

☐ E. 加强机构合作交流

☐ F. 成立合作社，开展特许经营

☐ G. 其他（请注明）_____

24. 该计划是否体现了在相应年份的总体规划文本中？ ［单选题］

○ A. 是

○ B. 否

25. 保护地目前在开展自然教育的过程中遇到的最大问题或困难是什么？ ［填空题］

_____

五、相关知识储备 / 监测基础

26. 保护地曾开展过几次综合性的本底调查？［单选题］

○ A. 无

○ B. 1 次

○ C. 2~3 次

○ D. 3 次以上

27. 保护地已开展的监测有哪些？分别开展了多少年？［多选题］

请在选项后填写监测开展的年数。

☐ A. 无任何监测

☐ B. 植被 / 森林 / 重点保护植物_____

☐ C. 兽类_____

☐ D. 鸟类_____

☐ E. 昆虫_____

☐ F. 两栖类_____

☐ G. 爬行类_____

☐ H. 鱼类_____

☐ I. 真菌_____

☐ J. 气象监测_____

☐ K. 土壤监测_____

☐ L. 湿地 / 水体监测_____

☐ M. 社会经济 / 社区监测_____

☐ N. 其他（请注明）_____

28. 截至目前，保护区各类型的监测工作大概能覆盖多少范围（占保护区总面积比例）？

输入 0（无覆盖）~100（全覆盖）的数字

_____

29. 保护地如何储存这些监测数据？［多选题］

☐ A. 无存储

☐ B. 以 Excel、Word 文档等形式分散存储

☐ C. 以 access 数据库形式存储

☐ D. 专门针对本保护区设计了数据库

☐ E. 其他（请注明）_____

30. 数据库中累计收录了多少年的监测数据？［单选题］

○ A. 无

○ B. <3 年

○ C. 3~5 年

○ D. 6~10 年

○ E. 11~20 年

○ F. >20 年

31. 这些监测数据会定期使用与分析吗？（单纯的红外相机展示除外）[单选题]

○ A. 没使用过 / 不知如何使用

○ B. 不定期使用（如编写报告、有科研项目需求时）

○ C. 会定期分析（如每年、每两年用 1 次）

○ D. 其他（请注明）_____

32. 您认为贵保护地的近 5 年的工作 / 管理重点是哪些方面？[排序题，请在中括号内依次填入数字]

请选取您认为重要的几项并对重要性排序（多选排序题，请选取您认为最优先的 1~3 项并对重要性排序，括号内依次填入数字：1- 最重要，2- 第二重要，依此类推）。

[　] A. 机构设置与人员配置

[　] B. 范围界限与土地权属

[　] C. 基础设施建设

[　] D. 运行经费保障

[　] E. 主要保护对象变化动态

[　] F. 违法违规项目

[　] G. 日常管护

[　] H. 资源本底调查与监测

[　] I. 规划制定与执行情况

[　] J. 能力建设

[　] K. 宣传与自然教育

33. 贵保护地在未来 5 年内的保护目标是什么？即计划通过保护行动使保护对象达成的目标状态。[填空题]

若无具体保护目标请填"无";若不清楚保护目标请跳过此题。

_____

34. 贵保护地目前面临的最严重的保护威胁有哪些?〔排序题,请在中括号内依次填入数字〕

请按照威胁程度和主次情况排序,比如保护区受放牧的影响最大,即排第一位,依此类推。

[　] A. 火灾

[　] B. 病虫害

[　] C. 外来物种入侵

[　] D. 放牧

[　] E. 非法采集

[　] F. 盗猎

[　] G. 毁林

[　] H. 旅游

[　] I. 气候变化

[　] J. 无任何形式的威胁

[　] K. 其他(请注明)_____

35. 可否请您分享一下在贵保护地的管理或工作中,您遇到的主要困难与建议?〔填空题〕

_____

您已完成问卷填写,非常感谢您的支持与付出的宝贵时间!

附录四：
中国自然教育大会第六届全国自然教育论坛武汉共识

2019年11月2~3日，由中国林学会、阿里巴巴公益基金会、全国自然教育网络和湖北省林业局共同主办的中国自然教育大会（第六届全国自然教育论坛）在武汉召开。来自政府部门、企事业单位、社会组织、公益组织、国际组织、自然教育从业机构、自然保护地管理机构、城市公园和新闻媒体的代表、专家学者1000余人，围绕"推进自然教育共筑生态文明"主题，交流经验，研究相关问题，探讨推进自然教育健康发展。会议认为，在社会各界的共同努力下，我国自然教育已步入快速发展时期，但仍面临着诸多挑战。与会代表就如何推动自然教育健康有序发展，提高自然教育质量，实现全民参与等议题，展开深入的交流讨论，达成以下共识：

第一，我国的自然教育必须以习近平生态文明思想为根本指导，牢固树立生态兴则文明兴、生态衰则文明衰的生态历史观，倡导"自然是我师，我是自然友"的环境友好理念，坚持人与自然是生命共同体，追求人与自然和谐共生。

第二，自然教育的根本目的是推动全社会形成顺应自然、尊重自然、保护自然的价值观，不断提升人民群众保护自然的意识和能力。

第三，自然教育是面向大众群体特别是青少年的教育，要加强实践教育，引导其走进自然、体验自然、了解自然。

第四，要牢记自然教育的初心使命，坚持行业的公益性，加强行业自律，稳固行业长远发展的社会根基。

第五，要建立完善自然教育相关标准、指南、规范等，形成完备的标准体系，不断推进自然教育规范有序发展。

第六，要加快构建我国自然教育行业人才培养体系，在规范化基础上建设高素质人才队伍，满足行业发展需要。

第七，要充分发挥各类自然保护地及城市公园、郊野公园等的社会教育功能，结合其自身优势特色，设计优质活动课程，编制活动教材，提高自然教育活动质量，创造活动精品。

第八，要注重对行业发展目标、核心策略、功能定位、重点工作领域等方面的理论研究，形成具有中国特色的自然教育理论体系，指导自然教育实践。

第九，要加快自然教育开放型综合信息平台建设，促进行业资源信息共享。要通过政府支持、公益组织捐赠、企事业单位赞助、机构自筹等多种形式，筹集活动资金，形成社会各界广泛参与、合作共赢的发展格局。

第十，自然教育发展离不开政府有关部门的支持和帮助。政府有关部门应加强行业指导，提供必要的政策、资金等支持，为自然教育发展保驾护航。

基于以上共识，我们将以保护自然，引领和服务中国自然教育事业发展为己任，扎实推动中国特色自然教育事业健康可持续发展，助力我国生态文明和美丽中国建设，为实现中华民族伟大复兴的"中国梦"作出新的更大贡献。

附录五：
在中国自然教育大会（第六届全国自然教育论坛）的讲话

各位代表，同志们：

中国自然教育大会（全国自然教育论坛）今天开幕了，我向给予这次大会支持指导的国家林业和草原局、湖北省人民政府表示衷心的感谢！向一切热心于中国自然教育发展的中外专家、自然教育机构、自然教育基地和有关部门表示衷心的感谢！

人因自然而生，人是自然的一部分，人与自然是命运共同体，大自然是人类与生俱来的老师。面对近半个世纪以来频发的自然灾害、环境事件和气候变化问题，面对建设美丽中国的历史责任，面对人的自由而全面的发展，中国的自然教育应运而生、乘势发展。

特别是进入本世纪以来，许多专家学者、社会组织、政府部门及在华国际公益组织等开始关注自然教育，探索自然教育。一大批国家公园、自然保护区和自然保护地，各类森林公园、湿地公园、地质公园、海洋公园、城市公园等都在发掘其自然生态资源的新价值，积极为自然教育服务。

各类自然教育机构蓬勃发展。他们有些是自然保护单位的功能延伸，有些是民办非营利机构，有些是市场催生的服务型企业，有些是社会组织、基金会，还有一些是企业社会责任的展示触角。各类国民教育机构，特别是中小学及学前教育，也在探索自然教育在提升受教育者素质、实现教育目标中的作用。

2012年，阿里巴巴基金会开始关注并持续资助自然教育项目，致力于唤醒社会公众的自然保护意识，培养青少年对大自然的敬畏之心。

2014年，一批富有社会责任感、活跃在一线的自然教育机构和专家学者，在厦门举办全国自然教育论坛，由此发展形成全国自然教育网络。

2018 年，新一轮国家机构改革后，各类自然保护地统一由国家林业和草原局负责管理。目前，全国各级各类自然保护地达 1.18 万处，占国土陆域面积的 18%，这些都是开展自然教育的优质资源。2019 年 4 月，国家林业和草原局印发了《关于充分发挥各类自然保护地社会功能，大力开展自然教育工作的通知》，这是第一个国家政府机构部署全国自然教育的文件，也是服务大众民生的新举措。

2019 年 4 月，中国林学会在杭州召开全国自然教育工作会议，应全国 300 多家自然教育工作机构倡议，成立了全国自然教育总校，打造了服务自然教育机构（基地）、满足自然教育受众需求，特别是青少年群体需求的全国性新平台。

这次大会，有政府有关部门、企事业单位、社会组织、国际组织、各类自然保护地、城市公园及中外专家、从业机构代表 1000 多人参加，有两次大会主论坛，有 20 个专题性分论坛，有《中国自然教育发展报告》的重磅发布，有自然教育嘉年华的现场展示，有自然教育好书奖颁发，有北斗自然乐跑首场赛事，有一批自然教育学校（基地）、自然教育课程推出，还有自然教育社团标准发布，有手工坊制作，等等。这是一次我国自然教育发展史上的历史性盛会，展示了我国自然教育发展的新成果新水平，标志着我国自然教育发展进入新阶段！我们完全有信心预期，这次大会将取得圆满成功，将为中国自然教育做出重大贡献！

本次大会的主题是"推进自然教育，共筑生态文明"。这既是中国自然教育的根本方向，也是每一个自然教育工作者的历史使命。为此，我希望我们在以下几个方面形成共识：

推进我国的自然教育健康发展必须坚持以习近平生态文明思想为根本指导。要紧紧围绕党和国家关于生态文明建设的战略部署和一系列要求，服务生态文明建设总体任务。要厘清自然教育的核心价值，积极引导公众特别是青少年牢固树立"生态兴则文明兴、生态衰则文明衰"的生态历史观，倡导"自然是我师，我是自然友"的环境友好理念，坚持人与自然是生命共同体，追求人与自然和谐共生。

推进自然教育健康发展必须坚持行业的公益性，加强行业自律。自然教育是大众需求，公益性是其重要特质。要以服务为本，正确处理公益与盈利之间的关系，注重社会公众对自然教育行业的理解和评价，满足受众群体的新期待新需求。

推进自然教育健康发展必须加强相关标准体系建设，推动行业规范化。要大力推进自然教育行业系列标准、指南、规范等制定，完善自然教育标准体系，推动我国自然教育行业规范有序发展。

推进自然教育健康发展必须加大人才培养力度，建设专业人才队伍。要建立人才培训规范，加大专业人才培训力度，建设一支规模宏大的高素质专业人才队伍，满足自然教育的人才需求。

推进自然教育健康发展必须不断加强自然教育学校（基地）建设，提升教育活动质量。要按照不同类型的自然教育学校（基地）建设规范，不断推进自然教育学校（基地）发展，有序开展活动质量评估。国家公园等各类自然保护地、各类自然公园和城市公园、郊野公园等应充分发挥其自然教育功能，服务活动开展。

推进自然教育健康发展必须推动多元化社会参与，寻求合作共赢。要充分调动各有关社会组织、企事业单位、科研机构和专家、学者的积极性，形成政府支持、社会广泛参与、行业自律规范、资源共享的自然教育发展新格局。

推进自然教育健康发展必须加强理论研究，形成具有我国特色的自然教育理论体系。自然教育是一门学问。要针对自然教育，尤其是关键领域和核心问题，进行理论研究，明确行业发展的战略框架、发展目标、核心策略、功能定位、重点领域等，用科学的理论指导自然教育健康发展。

各位代表，同志们！我们肩负着新时代自然教育发展的新使命，肩负着社会公众对自然教育的新期待，肩负着建设美丽中国对自然教育的新要求，今天的大会将使我国自然教育迈向更高水平的新起点。我们将汇集各方力量以全新的姿态、百倍的努力投入到全国自然教育中去。今后，我们将每年举办一次中国自然教育大会，打造我国自然教育的最高展示平台！

最后，预祝大会圆满成功！

谢谢大家！

中国林学会理事长　全国自然教育总校校长

赵树丛

2019 年 11 月

后 记

随着您翻阅至本书的最后，我们共同完成了一段关于中国自然教育发展的回溯与探索。在这篇后记中，我们想邀请您一同感受本书诞生背后的思考与努力。

"中国自然教育发展报告"呈现出的不仅是一份数据和分析汇编，也体现了我们对自然教育领域的深刻洞察，更是对我国自然教育未来发展的一份承诺。2019年起，中国林学会牵头开展了对我国自然教育发展情况的调研，我们坚持每年对我国自然教育现状进行全面分析，以期捕捉和记录自然教育的每一个坚实脚步和存在的挑战。

值2024中国自然教育大会之际，我们本着全面回顾、查缺补漏、热忱期许之心，精心整理和校对了2019年度至2022年度的自然教育发展报告，并编撰成册，期望以此为自然教育行业的健康发展贡献绵薄之力。

在调研与出版的过程中，我们得到了众多政府部门、管理单位、自然教育机构、基地及个人的大力支持。大家提供的数据和见解是本书能够面世的基石。中国工程院蒋剑春院士、张守攻院士给予我们悉心指导、热情支持。同时，我们也得到了诸多高校专家学者的专业支持，他们的专业力量为本次调研提供了坚实的技术支撑。在此，我们向所有参与和支持本书编著的机构和个人表达最深切的感谢。

自然教育的重要性正在不断被认识和重申。自国家林业和草原局发布《关于充分发挥各类自然保护地社会功能，大力开展自然教育工作的通知》以来，我们欣喜地看到越来越多的自然教育利好政策相继出台。

本书的出版，旨在为自然教育行业的可持续发展提供参考与启示。我们期待它能够把握我国自然教育发展的最新趋势，评估政策实施效果，促进理论交流，指导实践操作。我们也希望吸引更多有志之士加入自然教育行列，共同构建多元、健康、可持续的发展业态。

在生态文明建设进程中,每个人都不可或缺,让我们以本书面世为新的起点,继续在推动自然教育高质量发展的道路上砥砺前行、探索创新。愿我们的心灵与大自然同频共振,愿我们的行动与时代脉搏融合共进,共同书写自然教育发展新篇章,为实现人与自然和谐共生的中国式现代化不懈努力。